文怡“心”厨房

茶饮好好喝

文怡 编著

封面摄影：苏小糖
菜品摄影：王 淼
感谢参与本书的工作人员
周利娟 张云鹭 刘 倩
郭 月 邵建新

图书在版编目（CIP）数据

茶饮好好喝／文怡编著. -- 北京：中国纺织出版社，2016.3
（文怡“心”厨房）
ISBN 978-7-5180-2047-8

Ⅰ. ①茶… Ⅱ. ①文… Ⅲ. ①茶饮料–制作 Ⅳ. ①TS275.2

中国版本图书馆CIP数据核字（2015）第243316号

责任编辑：卢志林　　责任印制：王艳丽
装帧设计：北京清清早晨平面设计有限公司

中国纺织出版社出版发行
地址：北京市朝阳区百子湾东里A407号楼　邮政编码：100124
销售电话：010—67004422　传真：010—87155801
http: // www.c-textilep. com
E-mail: faxing@c-textilep. com
官方微博http: // weibo.com/2119887771
北京利丰雅高长城印刷有限公司印刷　各地新华书店经销
2016年3月第1版第1次印刷
开本：787×1092　1/16　印张：8
字数：71千字　定价：35.80元

前 言

小时候，觉得全世界最好喝的饮料，就是在外面疯跑了大半天儿之后，抱着奶奶的茶缸子，咕咚咕咚喝掉的那半缸子茉莉花茶的茶根儿，淡淡的，有点儿香味儿，比凉瓶里特意为我晾的寡淡的凉白开好喝多了，也解渴多了。偶尔也会喝她一口菊花茶跟着去去火，或者来一口玫瑰花茶跟着美美容（美容是现如今的叫法，以前她说，喝了这个脸色儿好看）。当然了，那时喝什么完全取决于当时的季节，也取决于她老人家那天的心情和状态。

估计就是从那时起，我也养成了喝茶的习惯，现在也一直保持着。一年四季，都根据身体的状况，给自己调配点儿补益气血的、清热润燥的、美容养颜的、健脾祛湿的茶，当然了，消食减肥的茶饮，一直是我的挚爱，原因大家都懂吧。据说，人在小的时候，家人的生活习惯会像烙印一样打在我们每个人的身上，以前特不以为然，人到40了，才发现这话说的真真儿的对啊，估计就是童年时受了奶奶的影响，这么多年来，一直以茶代饮，每天喝茶早已成为了一种抹不去的习惯。除了最爱的解渴解乏的茉莉花茶，奶奶信手拈来的各种“大组合”，也让我养成了根据身体需要，喝功效茶的习惯。

比方说，吃多了，就要喝杯消食的茶；上火了，就要喝点儿清热的茶；胖了，喝点儿减肥的茶；食欲不好了……当然，我一直没机会喝上过开胃茶。

我觉得啊，在日复一日的小日子里，除了睡觉、吃饭，喝水是件特重要的事儿，绝不能放过任何一次喝水的机会。除了白水之外，其他的水怎么喝，喝什么，就是个问题了。

这次，我和我的好友，我一直戏称是我“兽医大夫”的王瑒女士（北京中医药大学硕士），一起合作了这本《茶饮好好喝》，给大家每天的茶杯里，添点儿色彩，送点儿健康。

除了能让你爱上喝水，顺便还能美美容、减减肥、安安神、清清火啥的，各种功效、各种味道，根据你的需要，各取所需吧。

这次的书名，我想了很久，最后，定下来了《茶饮好好喝》这个名字。它有俩意思，你能明白么？茶饮，好好，喝；茶饮，好好喝。

哈哈哈，好了，不难为你了。翻开书，选个你喜欢的，让自己“好好喝”个水吧！

目录

特别提醒：本书中茶饮仅起辅助食疗作用，不能替代正式的治疗，且效果依个人体质、病史、年龄、性别、季节、用量区别而有所不同。若有不适，以遵照医生的诊断和建议为宜。

茶饮好好喝

茶饮的原料

黄芪

黄芪又被称为“小人参”，可以补中益气，养阴。经常与当归同用，达到气血双补的作用。黄芪富含氨基酸、微量元素，可以泡茶也可以煲汤。

陈皮

陈皮又称橘皮，有理气化痰、健脾燥湿的功效。在药店就能买到，也可在家自己制作，橘子皮清洗干净后，切成丝或者片，自然风干即可。

麦冬

麦冬具有养阴健胃、清心安神、润肺的功效。含有丰富的氨基酸和维生素A。常用在煲汤、茶饮中。

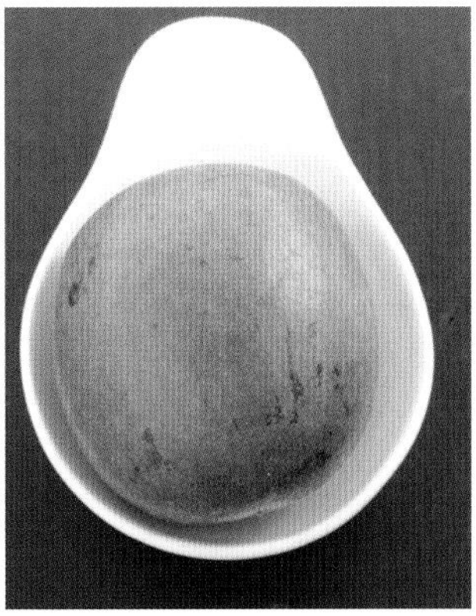

罗汉果

罗汉果具有清热润肺、润肠通便、排毒养颜的功效，并且含有丰富的维生素E以及多种矿物质，可以泡茶、煲汤，是很好的药食同源的食材。

薏米

薏米有健脾祛湿、利水消肿、消暑利尿、清热排脓的功效，常吃可以美容养颜、减肥。所以常作为夏季瘦身汤羹的原料使用。除了煲汤，还可以用来煮粥，常与山药搭配。另外薏米富含B族维生素、钙、铁、钾等微量元素。

杭菊

杭菊具有清肝明目的功效。除了泡茶外，还可以用菊花茶水洗眼睛，达到明目的效果。

佛手

佛手属药食同源的食材。具有理气、止咳化痰、舒肝健脾胃的功效。佛手在药店就能买到，有的地方也叫佛手柑。

桂圆干

桂圆干功效同桂圆一样，根据茶饮的需要选择即可。

桂圆

桂圆也叫龙眼，是一款很好的补益食材，益气补血、滋养身体。味道清甜，很适合泡茶。

葛花

葛花是豆科植物葛的花。葛花清肝、益肾，有很好的解酒功效。在药店的草药柜台就能够买到。葛花可以在酒后代茶饮。

白芷

白芷具有除湿、活血、止痛的功效。入药的同时还可作为香料，用于炖煮肉类。

合欢花

合欢花是豆科植物合欢的花或者花蕾，能够解郁、理气、安神、明目。

荷花

荷花能活血止血、清心凉血、解热解毒。

荷叶

荷叶有清暑利湿、凉血止血的功效。同时还有降血脂、降胆固醇、瘦身的作用。

红茶

红茶是在绿茶的基础上经发酵制成的，有暖胃健脾的功效，尤其适合冬天喝。

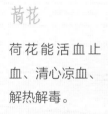

槐花

槐花有凉血止血、清肝、明目的功效，味道清香甘甜，还有降压功效。

金银花

金银花自古被誉为清热解毒的良药，解毒消炎的效果非常好，尤其对于咽喉、口腔的炎症疗效很显著。

莲子

莲子富含蛋白质、膳食纤维、维生素。具有补脾止泻、养心安神的功效。莲子多用于煲汤。

苦瓜干

苦瓜干具有清热解毒、消暑等功效，可以入药，也可以煲汤、泡茶。苦瓜干可以自己晾晒，清洗后的苦瓜切片，自然风干，代茶饮即可。

金橘干

金橘干含有丰富的维生素、金橘甙等成分，具有降压降脂、理气化痰的功效。作为食疗保健品，金橘可以泡茶或者直接食用。

柠檬片

柠檬片富含维生素，具有美白养颜、提神醒脑、缓解压力的作用。柠檬片可以自己制作，将清洗好的柠檬切片，自然风干即可。

茉莉花茶

茉莉花茶具有安神、解郁、健气、健脾的功效，是一种健康饮品。夏季喝茉莉花茶具有很好的解暑作用。

莲子芯

莲子芯具有清心安神的功效，味道微苦，建议脾虚、胃寒的人少食。

迷迭香

迷迭香是一味香料，具有镇静安神、醒脑、助眠的功效，对消化不良和胃痛均有一定缓解作用。

绿茶

绿茶是未经发酵制成的茶，含有茶多酚、儿茶素、叶绿素、多种氨基酸、维生素等营养物质，建议夏季饮用，脾胃虚寒的人少饮。

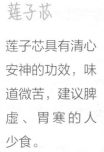

桃花

桃花具有通便、利水、消肿的功效，很多美容养颜的方子多选用桃花。但是脾胃虚弱的人群谨慎服用，容易导致腹泻。

乌梅

乌梅具有敛肺、生津的作用，常用于泡茶，煮酸梅汤，是夏季消暑的佳品。

芡实

芡实除泡茶外，多用于煲汤、煮粥。多服用芡实，对于脾胃虚弱的人很有帮助。

酸枣仁

酸枣仁富含氨基酸和维生素，有镇静、安神的作用。

胖大海

胖大海多用于泡茶，可以起到降血压、润喉化痰的作用。脾胃寒的人群少量服用。

亚麻籽

亚麻籽又称胡麻籽，含有丰富的W-3，是人体细胞结构中必需的脂肪酸。具有通便、降压、降脂的作用。亚麻籽可以炒熟后擀碎，泡水代茶饮。

小麦

小麦具有养心安神、除烦的功效。对于精神压力过大导致失眠的人群，可以用小麦沏茶或者煲汤。

小茴香

小茴香具有散寒止痛、理气和胃的功效。

洋甘菊

洋甘菊味道芳香，有清肝明目、缓解压力的功效。

西洋参

西洋参也叫花旗参，有滋阴补气、生津的作用。在购买西洋参时首先要选择大小均匀，质地坚实，表面有紧致纹路的。其次通过闻、品尝来鉴定，品质好的西洋参气味甘甜、香，吃起来微微发苦，后变甘甜。

大枣

大枣含有丰富的蛋白质、维生素和生物碱，具有补中益气、滋养阴血、养心安神、缓和药性的功效。是很好的养生食材。

苏子叶

苏子叶具有祛风散寒、解表、行气和胃的作用。风寒感冒的情况下可以用苏子叶泡水，代茶饮。

炙甘草

炙甘草是用蜜烘制的甘草，具有止咳化痰的功效。蜜制的甘草药性比较缓和，不伤脾胃。

竹茹

竹茹是一味中药，有清热化痰的功效。

玉竹

玉竹是百合科的一种草本植物。具有养阴、润燥、清热除烦的作用。在药店就能买到。玉竹常用于煲汤，滋阴的效果很好。

茶饮、

好好喝

喝出好气色

洋参麦冬茶

原料:

西洋参2片，麦冬2粒，五味子4克

做法:

❶ 将所有茶饮原料放置在杯中。

❷ 用开水冲泡。

❸ 冲泡之后，盖严杯盖。将茶饮温浸20分钟即可饮用。

1

2

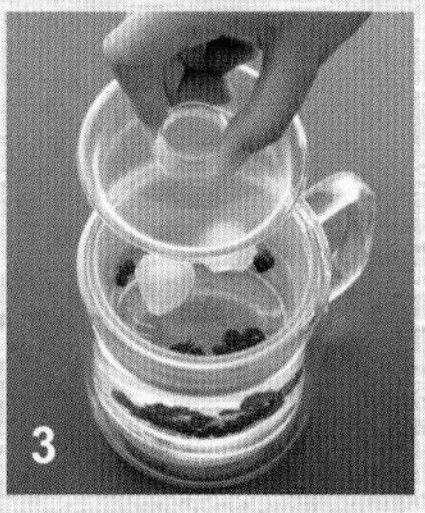

3

功效：

补气血，滋补心、肾。可作为长期饮用的保健茶。

超级啰嗦:

** 此道茶饮孕妇服用要严格遵医嘱。

** 麦冬是一味中药材，在药店或者茶叶店都能买到，在购买时，我们选择颗粒饱满，表面黄白色或淡黄色，有细纵纹，质地柔韧，断面多为黄白色，半透明的。闻起来气微香，尝一尝味道会有一点甘甜并微微有点苦。

** 西洋参也叫花旗参、洋参、美国人参，在挑选时首先辨别是国产还是进口的。进口西洋参的皱纹不规则，粗、略深；国产的西洋参表面相比进口西洋参光滑，皱纹细并且浅；另外，进口西洋参手感较沉，国产的较轻。但两者均以表面淡棕黄色或类白色，有细密的细横纹、主根呈圆柱形或长纺锤形者为佳，闻起来无臭味，品尝一下口感微甘，苦味浓。

** 五味子有南五味子、北五味子之分。具有敛肺、滋肾、生津、收汗、涩精的作用。入药滋补北五味子是上选。北五味子也叫辽五味子、辽五味、北五味。主要产自黑龙江、辽宁、吉林、河北等地。五味子可以在药店购买到，选择五味子时，以果实颗粒大、肉质厚实、颜色紫红、有油性者为佳。

** 上述三种药材都需要密封保存，放置于阴凉通风处。

洛神养颜茶

原料：

洛神花3朵，山楂干6克，冰糖或蜂蜜适量，水500～600毫升

做法：

❶ 将洛神花、山楂干放入壶中，冲入开水。

❷ 盖上壶盖，温浸20分钟。

❸ 放入冰糖，搅拌均匀后即可饮用。

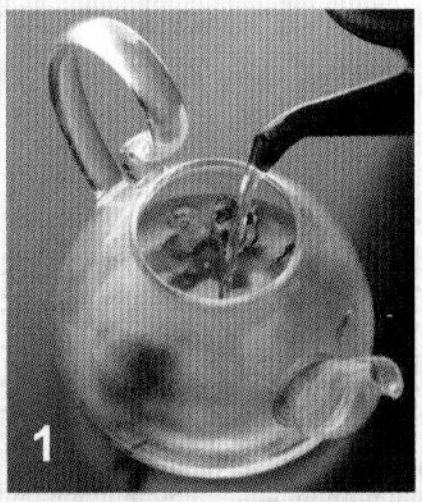

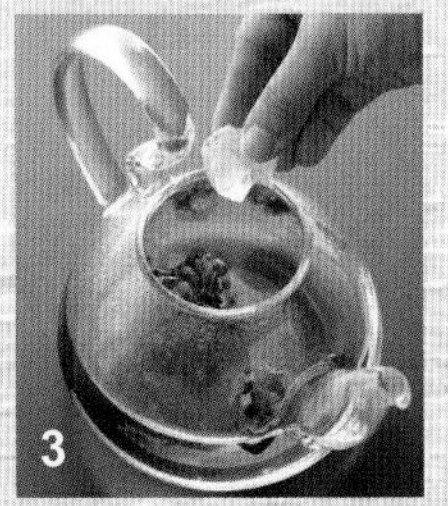

功效：

益气活血，美容养颜，健脾消食。

超级啰嗦：

** 此道茶饮不适宜有胃寒症状者饮用。

** 洛神花在茶叶店或者大一些的超市就可以买到，有的地方也叫“玫瑰茄”，通常会有干洛神花和蜜制的两种，我们这道茶饮选择干洛神花。

** 洛神花具有很强的抗氧化，保护心血管、肝脏的作用。又因为具备降血压的功效，所以建议血压低的人群慎用。

** 蜂蜜和冰糖会中和洛神花的酸味，减少对胃的刺激。

** 此茶饮四季都可以饮用，夏天喝可以先在冰箱里冷藏，口感更好。

黄芪红枣茶

原料：

黄芪4克，大枣2枚，水500毫升

做法：

❶ 将大枣去核，一分为二。

❷ 将黄芪、处理好的大枣放置在杯中，用开水冲泡。

❸ 冲泡后盖严杯盖，温浸20分钟即可。

功效：

补血补气，提高免疫力。

超级啰嗦：

** 这道茶饮特别适合亚健康人群，可以补益气血，提高免疫力。

** 黄芪在药店里就能购买到，以根条粗长、菊花心鲜明、空洞小、破皮少者为佳，建议大家在正规药店或采购药材的地方购买。因为黄芪容易吸潮，所以购买后应放置于密封容器中，放于阴凉通风处。

** 大枣有很多品种，对于此茶饮，品种不限。在挑选大枣的时候注意，好的大枣表皮颜色略发紫红，颗粒大、饱满、表皮皱纹少，皮薄、果核小，肉质厚实。如果枣的蒂有孔或者粘有咖啡色或深褐色的粉末，说明枣被虫蛀了，最好尽量避免购买。

** 洗红枣时，注意不要把红枣蒂摘掉，去蒂的枣放在水中浸泡，残留的农药会随水进入果实内部，造成污染。

** 枣容易潮，不耐久贮，易于霉烂变质。所以购买后应放置于密封容器中，放于通风阴凉处。

** 这道茶饮具有补益的功效，如果喝的过程中出现上火的现象（比如嗓子疼、牙肿痛），可以一周喝2～3次或者停服，直到症状消失。

五味枸杞饮

原料：

五味子5克，枸杞子10克，冰糖适量，水500～600毫升

做法：

❶ 将五味子、枸杞子一同放入杯中，冲入开水。

❷ 盖严杯盖，温浸20分钟。

❸ 加入冰糖，搅拌均匀即可饮用。

功效：

此道茶饮具有消暑健脾的功效。适合于生病后导致的身体乏力、倦怠、腰膝酸软等问题。此茶饮也是养生补益之剂。

超级啰嗦：

** 五味子分为南五味子、北五味子两种。购买时，我们选择北五味子。
北五味子，多产自东北、河北等地，是传统的正品，品质好。
南五味子，产自河南、山西、陕西、云南、四川等地，为五味子副品，品质较次。

** 五味子在药店可以买到，挑选时以粒大肉厚、色紫红、有油性者为佳。

** 此道茶饮的口感因为五味子的原因有点偏酸，加冰糖后口味更好。可以提前多做出一些，放在干净、密封的容器中冷藏在冰箱里，夏季作为消暑饮品。

枣仁桂圆茶

原料:

桂圆2枚，酸枣仁10克，水600毫升

做法:

❶ 将桂圆去皮，酸枣仁捣碎，一同放入杯中。

❷ 加入开水冲泡。

❸ 盖严杯盖，温浸20分钟即可饮用。

功效:

此道茶饮具有益智安神，补益心肾的功效。

超级啰嗦:

** 此道茶饮孕妇禁用。

** 此道茶饮也可用煎煮的方法，先将酸枣仁煎煮15分钟，再放桂圆继续煮5分钟即可。

** 酸枣仁提前捣碎，会更利于有效成分的析出。

** 桂圆可以选择带壳的，也可直接选择桂圆肉。购买时挑选颗粒饱满、果肉厚、核小的。密封在容器里之后放置于阴凉干燥处。

** 因为桂圆性热，如果出现上火现象，停服就可以了。

** 咽喉肿痛、咽干、腹胀的人群不适合服用此茶饮。

莲花静心茶

原料：

莲花3朵，蜂蜜适量，水600毫升

做法：

❶ 将莲花放入杯中，用沸水冲泡。

❷ 冲泡后，盖严杯盖温浸15分钟。

❸ 待水温度下降后，调入蜂蜜即可饮用。

功效：

此道茶饮具有清热解毒，美容养颜的功效。

超级啰嗦：

** 莲花在药店、淘宝店都能买到，尽量选择花朵完整，色泽不要过于艳丽的。

** 用沸水冲泡完的茶饮，一定要等到水温下降后（大约60℃）才能放入蜂蜜。

** 盖严杯盖温浸这一步是不能少的，这样是为了发挥莲花的最大效用。

** 不适宜摄入过多蜂蜜的人群可以省略最后一步，直接冲泡，温浸后饮用就可以了。

莲子桂圆汤

原料:

莲子5克，芡实5克，薏米10克，桂圆干3克，蜂蜜适量，水600毫升

做法:

❶ 提前洗净浸泡薏米、莲子两小时。将所有原料放入锅中。

❷ 大火煮开，转小火熬40分钟。

❸ 关火后待水温下降到约60℃时加入蜂蜜即可饮用。

功效：

此茶饮具有补气，促进新陈代谢，改善皮肤粗糙暗哑的功效。

超级啰嗦:

** 这道茶饮中的莲子、薏米如果提前用冷水浸泡一夜，第二天煎煮效果会更好。

** 芡实、莲子、薏米、桂圆干这四种材料在杂粮柜台或者药店都可以买到，这四种材料都是药食同源的。

** 桂圆可以直接买桂圆肉，也可以买干桂圆自己剥。选择桂圆肉时以肉色黄亮，质脆柔糯，味道香甜的为佳。

** 选择莲子的时候，应选择颗粒饱满，肉厚，色泽光亮，无虫蛀霉变的。表面发黄、发霉的莲子禁止食用。

** 芡实也叫鸡头米，在挑选的时候选择颗粒饱满，粉性足，无杂质，无霉变的为佳。

玫瑰普洱茶

原料:

普洱6克，玫瑰4朵，蜂蜜3毫升，水500毫升

做法:

❶ 将普洱茶放在杯中，冲入开水。

❷ 冲泡后，将水倒掉，第一泡不喝。

❸ 将玫瑰花以及洗好的普洱茶放入容器中。

❹ 开水冲泡所有茶材，待闻到玫瑰花香后盖严杯盖，温浸10分钟。

❺ 温浸后，等待水温下降到60℃左右时调入蜂蜜，搅拌均匀即可。

功效：

此道茶饮具有疏肝解郁、温胃散寒、美容养颜的功效。适合作为春、夏季节的饮品。

超级啰嗦:

** 玫瑰花具有行气活血、疏肝解郁、养颜美容的功效。所以此道茶饮孕妇以及月经量多的人不要饮用。

** 挑选玫瑰花时最好选择外观完整、花苞含苞待放、干燥、气味芳香自然、没有染色的。

** 普洱茶属于黑茶，有生熟之分，这道茶饮中我们用的是熟普洱，温胃的效果会更好。生普洱此项效用很小，我们就不选择了。

** 普洱茶有很多种类，如饼茶、砖茶、沱茶、散茶等。选择哪种类型可以根据自己的喜好。

** 普洱茶要存放在干燥、通风、避光、无异味的环境中。

桃花养颜露

原料：

桃花3克，干百合2克，柠檬片1～2片，水500毫升

做法：

❶ 将干百合洗净后用清水浸泡半小时。

❷ 将浸泡好的百合、桃花、柠檬片放在杯子里，加入沸水冲泡。

❸ 冲泡之后，盖严杯盖，温浸10分钟即可饮用。

1

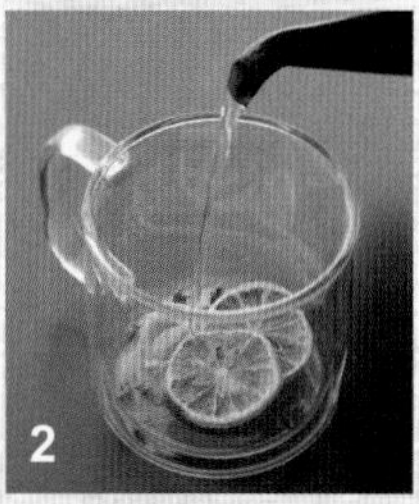

2

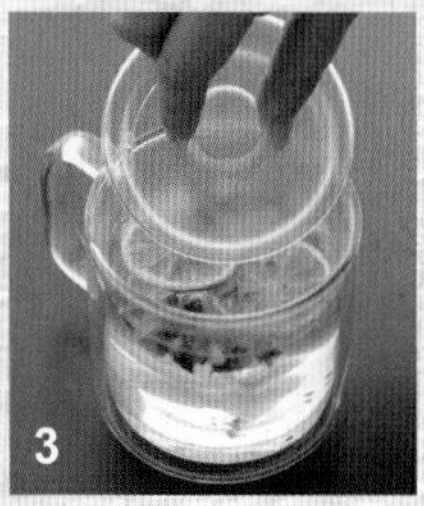

3

功效：

此道茶饮具有清热润肺、美容养颜、祛痘、瘦脸的功效。

超级啰嗦：

** 此道茶饮中的百合用的是干百合，具有清火、润肺、安神的功效。在药店、茶叶店都能购买到。优质的百合大小均匀，肉质厚，外表是玉白色，表面干净没有斑点，没有发霉现象。

** 在挑选百合时注意表面颜色不能太白，太白则可能是用硫黄熏制后加工干制的。

** 桃花是很好的美容茶材，但在服用时剂量要控制好，一次不要超过3克，以免产生轻微腹泻。尤其肠胃比较虚弱的人最好谨慎服用桃花。

** 此道茶饮因为放了柠檬片，所以整体口感偏酸，你也可以根据自己的喜好加蜂蜜来调和口味。

玉竹白芷美颜露

原料：

白芷5克，玉竹5克，蜂蜜少许，水600毫升

做法：

❶ 将白芷、玉竹放到杯中，用开水冲泡。

❷ 盖严杯盖，温浸10分钟。

❸ 待水温下降至大约60℃，调和蜂蜜即可饮用。

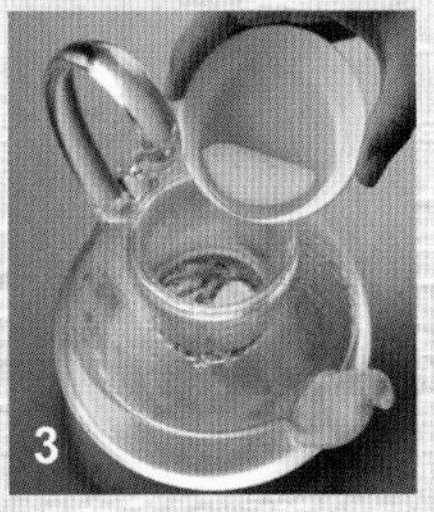

功效：

此道茶饮具有祛痘，消红肿，除湿解毒的功效。

超级啰嗦：

** 此道茶饮具有美白、祛痘的功效，尤其可以缓解痘痘周围皮肤红肿的现象。

** 白芷和玉竹可以提前捣碎一些，有条件的话可以将两种食材打成粉，冲泡起来效果会更好。

** 白芷、玉竹在药店里就能购买到，两种药材都容易受潮、生虫。所以在购买后应将食材放在密封容器里，放置在冰箱或者阴凉通风处保存。

美颜润肤茶

原料:

洋甘菊2克，麦冬2粒，蜂蜜适量，水500毫升

做法:

❶ 将洋甘菊、麦冬放于杯中，用沸水冲泡。

❷ 冲泡之后盖严杯盖，温浸15分钟。

❸ 当水温下降到约60℃时，调入蜂蜜，搅拌均匀即可饮用。

功效：

此道茶饮具有生津润燥，改善皮肤干燥的功效。

超级啰嗦:

** 洋甘菊是一种菊科的草本植物，分德国洋甘菊、罗马洋甘菊等几个品种。几种洋甘菊形态特征类似，德国洋甘菊略大一些。都具有明目、清肝火、降血压、降血脂、提神健脑的功效。

** 麦冬也叫麦门冬，可以在药店购买到，具有养阴润肺、清心除烦、润燥通便的功效。在挑选麦冬时要选择颗粒饱满、表面淡黄色，有细细竖纹的。用手从中间折一下会感觉到麦冬的质地很柔韧，整个颜色半透明，周身没有虫蛀霉变者为佳。麦冬味道甘甜、微微泛苦。

** 沸水冲泡之后等待水温下降再调入蜂蜜，以保存蜂蜜的营养成分。

茶饮、好好喝

只做瘦美人

葛花荷叶茶

原料：

葛花3克，荷叶5克，水500毫升

做法：

❶ 将葛花、荷叶放入杯中，用开水冲泡茶材。

❷ 冲泡后，盖严杯盖。

❸ 温浸20分钟即可饮用。

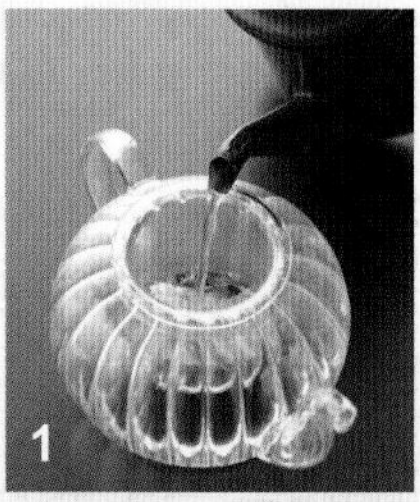

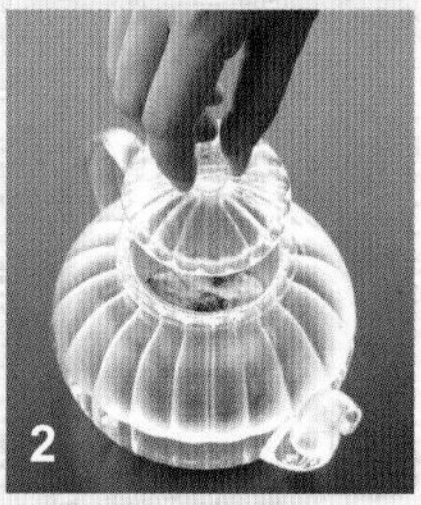

功效：

此道茶饮具有降压、降脂的功效。可作为心脑血管疾病患者及高血压、高血脂人群的保健茶饮。

超级啰嗦：

** 葛花和荷叶都具有降脂、降压的功效，血压低的人群不适宜大量服用，身体虚弱的人群酌情饮用。

** 葛花和荷叶在药店的草药柜台就能够买到。

** 葛花是豆科植物葛的花，属于比较名贵的中药材。葛花茶有很强的解酒功效，具有清肝、益肾的功效。此道茶饮适合因为长期饮酒、吃油腻的食物而引起的身体肥胖、血脂高的人群。

** 在购买荷叶时选叶子大、完整、干燥的最好，不要选择水分存留多的荷叶，因为有效物质含量低。

大麦柠檬茶

原料:

大麦10克，柠檬3片，红茶3克，水500毫升，蜂蜜1勺

做法:

❶ 将大麦、柠檬片、红茶放在杯中，加入热水冲泡。

❷ 冲泡后，盖严杯盖。

❸ 温浸15分钟后即可饮用，也可以等温度降到60℃左右时调入蜂蜜。

功效:

此道茶饮具有通肠利便，改善皮肤粗糙黯哑的功效。

超级啰嗦:

** 冲泡此道茶饮的水要煮沸后降温到60～70℃时再用，若水温过高，会有很多苦味的物质（橙皮甙）溶出，影响口感。

** 柠檬有美白，补充维生素，提高抵抗力的作用。此道茶饮中的柠檬可以选择新鲜柠檬，也可以选择干的柠檬片。新鲜的柠檬比干的会偏酸一些，可以调和一勺蜂蜜一起饮用。

** 如果用新鲜柠檬，最好带皮切薄片，才更利于有效成分的溶出。对于胃酸过多的人群，可以将柠檬片的数量减少一片，味道冲淡一些。

** 大麦要选择炒制好的，炒制后的大麦不光喝起来有麦香味，对脾胃也有好处。

荷叶瘦身茶

原料：

荷叶6克，山楂干6克，枸杞子6枚，水500～600毫升

做法：

❶ 将所有茶材放入容器中。

❷ 用沸水冲泡。

❸ 盖严盖子，温浸10分钟即可饮用。

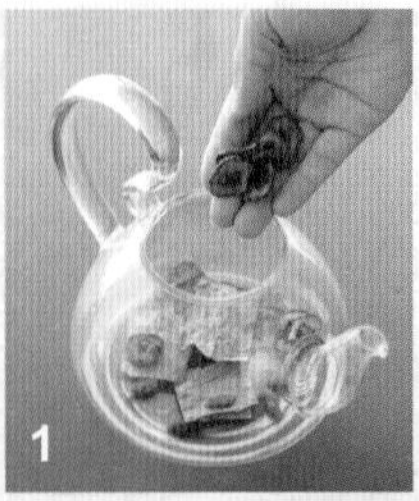

1

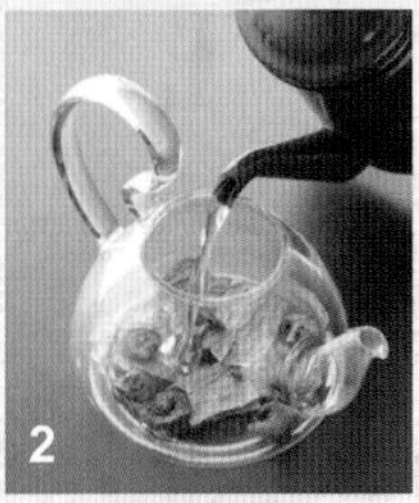

2

3

功效：

此道茶饮具有减肥、降脂、纤体的功效。

超级啰嗦

** 此道茶饮孕妇禁用。

** 不要空腹喝此道茶饮，以免血糖下降的很快，身体产生不适应感。

** 荷叶要选择干荷叶，也就是晒干的。在茶叶店中会有嫩荷叶、老荷叶之分。我们可以选择老的。因为老荷叶减脂瘦身的效果更好。

** 山楂干在晾晒过程中会有尘土、杂质，需要提前清洗干净再泡茶。

苦瓜茶

原料:

苦瓜干5克，绿茶2克，水600毫升

做法:

❶ 清洗苦瓜干，用清水浸泡一下。

❷ 将苦瓜、绿茶放入杯中，用开水冲泡。

❸ 盖严杯盖。

❹ 温浸15分钟，即可饮用。

功效：

清热利尿，降脂减肥。适合作为夏季消暑饮品。用于中暑发热、小便不利。

超级啰嗦:

** 苦瓜干在茶叶店、药店都能购买到。

** 苦瓜干也可以自己制作：苦瓜清洗干净后去籽，切成片，用风干机或者自然干燥皆可泡茶。

** 此道茶饮寒性略强，平时如果有胃寒的现象，建议此类人群及孕妇慎服。

** 茶叶的选择不必拘泥于一种，可以交互着冲泡。

1

2

3

4

莲藕荷叶茶

原料：

干荷叶6克，新鲜莲藕3片（中等大小莲藕、0.5厘米厚片），冰糖4粒，水600毫升

做法：

❶ 将莲藕洗净切片，浸泡在水中防止氧化变黑，所有材料放入锅中。

❷ 加水大火煮开，搅拌均匀，改小火继续煎煮20分钟。

❸ 待温热，加入冰糖调味即可。

功效：

此茶饮具有清热凉血、降脂、润肺的功效。长期饮用还可排毒养颜、清理肠胃，以达到瘦身消脂的作用。

超级啰嗦：

** 在选择莲藕时，尽量选择新鲜、饱满的。细一点的莲藕会更鲜嫩一些。

** 清洗莲藕的时候要把每个孔洞清洗干净，以防泥沙混入茶饮。

** 莲藕清洗干净，切片后用清水浸泡，防止氧化。

** 干荷叶在药店、茶叶店都能购买到，茶叶店的荷叶会有嫩、老之分，我们这道茶饮尽量选择老一些的，这样效果更佳。

** 如果没有冰糖，也可以改放蜂蜜。

山楂薏米减肥茶

原料:

山楂干12克，薏米10克，干荷叶5克，陈皮5克，水500毫升

做法:

❶ 提前将薏米洗净，在清水中浸泡一小时。

❷ 将水、山楂、浸泡好的薏米放入锅中煎煮，大火煮开，转小火煎煮20分钟。

❸ 将荷叶、陈皮放入锅中，煎煮2分钟即可。

1

2

3

功效:

此道茶饮具有减肥、降脂降压、祛湿的作用，适合因脾胃不好而导致的肥胖。

超级啰嗦:

** 薏米提前浸泡，能将有效成分更好的煎煮出来。挑选薏米时应该选择质地坚实、颗粒饱满、表面呈淡白色、干燥的。

** 山楂最好选择山楂干，相比新鲜山楂，经过晾晒后的山楂对胃的刺激较小。山楂干选择表皮没有黑点，果肉没有虫蛀、发霉现象的即可。

** 山楂干也可以自己晾晒，将新鲜的山楂清洗后，去核切片，晾晒至水分干即可。

** 荷叶、陈皮要最后放入茶饮中，不用煎煮时间太久，时间过长有效成分容易挥发。

注意事项:

此道茶饮孕妇禁服，正值经期的女性避免饮用。

决明子茶

原料：

决明子10克，枸杞子8粒，绿茶3克，水500～600毫升

做法：

❶ 将决明子、枸杞子、绿茶放入壶中。

❷ 加入开水冲泡上述茶材。

❸ 盖严杯盖，温浸20分钟即可饮用。

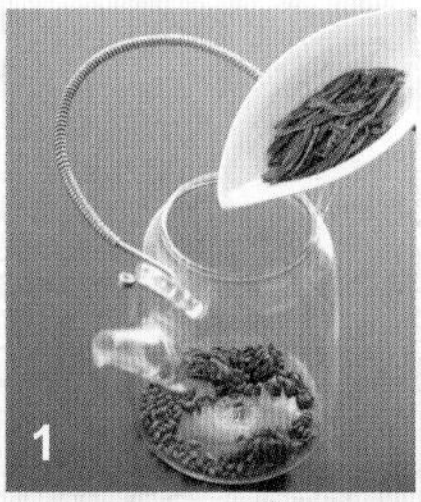

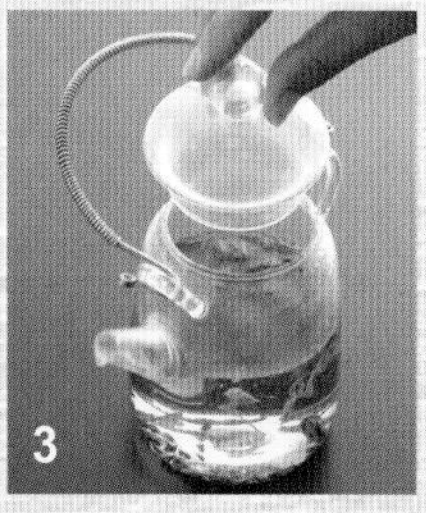

功效：

此道茶饮具有润肠通便的作用，适用于大便干结、小便短赤、腹胀的人群。

超级啰嗦：

** 可提前将决明子捣碎一些，更有利于浸泡出有效成分。

** 如果冲泡此茶饮的水温达不到100℃，那么温浸的时间可延长到30分钟，效果是一样的。

** 决明子在药店、茶叶店以及超市都能买到。一般茶饮中的决明子都是炒制过的，寒凉之性会降低，不会伤及脾胃。

** 决明子性微寒，所以此茶饮不宜久服。

三仁儿茶

原料:

黑芝麻6克，核桃6克，杏仁6克，红茶（花茶亦可）5克，蜂蜜少许，水600毫升

做法:

❶ 将红茶和400毫升水放入锅中，大火煮开，转小火煮10分钟。

❷ 将黑芝麻、核桃、杏仁加200毫升水搅打成坚果浆，倒入红茶水中，大火煮开即可。

❸ 待茶饮温度下降至不烫手，加入蜂蜜调味，方可饮用。

1

2

3

功效:

此道茶饮具有润肠通便、滋阴润肺的功效，适应于老年人的习惯性便秘。

超级啰嗦:

** 购买黑芝麻、杏仁、核桃这类食材时要选择外观色泽均匀、颗粒饱满、表面干燥、没有潮湿油腻感、气味香的。

** 黑芝麻买回后用小火干炒一下，炒至可以闻到芝麻的香气即可。

** 如果老年人有失眠的情况，建议白天服用，晚上不要服用此茶饮，以免影响睡眠。

** 此道茶饮四季皆宜，尤其是冬天，热服更好。

** 黑芝麻、核桃、杏仁可以选择炒制的，这样对肠胃更好，润肠通便的效果也更佳。

** 红茶煎煮的时间可以长一点，暖胃的效果会更好。

** 此道茶饮煮好后，表面会浮一层油脂，这是坚果本身的油脂成分，一定不要去除。因为此层油脂对治疗老年人习惯性便秘可起到关键作用。

亚麻仁茶

原料：

亚麻籽仁6克，绿茶2克，水500毫升

做法：

❶ 将亚麻籽仁炒熟，略擀碎。

❷ 将擀碎的亚麻籽仁、绿茶放入杯中，并用开水冲泡。

❸ 盖严盖子，温浸20分钟即可饮用。

功效：

此道茶饮具有降脂、通便的功效。

超级啰嗦：

** 亚麻籽仁一定要研磨、擀碎，才能浸泡出最好的效果。如果用整粒的来泡茶，功效会不明显。

** 亚麻籽仁一定要选择颗粒饱满、色泽温润、气味清香的。购买后放置在密封的盒子里，放在干燥阴凉处保存。

** 亚麻籽仁在菜市场就能购买到。

花生壳茶

原料：

花生壳1克，水600毫升

做法：

❶ 将花生壳用清水洗净，用擀面杖压碎。

❷ 将压碎的花生壳放置在杯中，用开水冲泡。

❸ 盖严盖子，温浸20分钟即可饮用。

功效：

此道茶饮具有降低血压、降低胆固醇的功效。

超级啰嗦：

** 花生壳要提前清洗干净，花生壳的细纹里有很多泥土，可以先浸泡一下，清洗起来更容易。

** 花生壳清洗后最好压碎，这样有效成分会浸泡得更充分。

** 此道茶饮中的花生壳要用生的，炒熟的花生壳降压、降脂的功效不是很显著。

绞股蓝大枣枸杞茶

原料:

绞股蓝3克，大枣1枚，枸杞子8粒，水500～600毫升

做法:

❶ 大枣洗净去核。

❷ 将大枣、枸杞子、水一起放入锅中，大火煮开后转小火，煎煮10分钟，倒入绞股兰茶。

❸ 待水再次开后即可饮用。

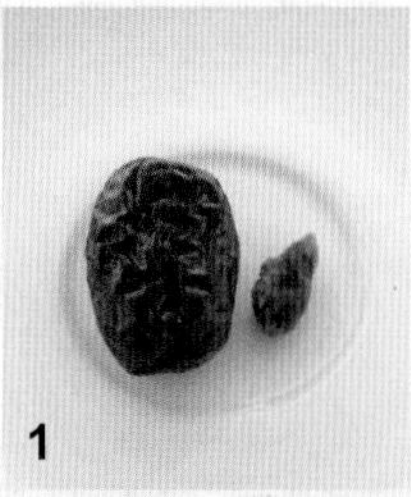

1

2

3

功效：

此道茶饮具有降压、减脂、抗疲劳的作用。

超级啰嗦:

** 血压偏低人群要谨慎服用此道茶饮。

** 提前将大枣去核，可以让有效成分充分煎煮出来。

** 如果觉得煎煮不太方便，这道茶也可以用开水冲泡，盖严杯盖温浸30分钟即可饮用。

** 绞股蓝茶在茶叶店就能买到。

** 买回的枸杞子通常表面不太干净，可以用清水冲洗一下再煮。

** 枸杞子有很多产地，一般宁夏产枸杞子颗粒大，长圆形，饱满，肉厚，味甜，色泽红艳，泡水清淡，易上浮；内蒙古产枸杞子颗粒大，长圆形，味甜，色泽暗红，泡水微红，易下沉；新疆产枸杞子呈圆形，味道极甜，色泽新鲜时红，后暗，易变软，泡水后水色红，易下沉。还有就是硫黄熏枸杞子（不能食用），色泽特别红，味道酸、涩、苦。大家在购买时一定注意鉴别。

** 枸杞子要放在密封的容器里，存放在冰箱冷藏室，以免受潮、长虫。

菊槐降压茶

原料:

菊花6朵，干槐花6克，绿茶2克，水600毫升

做法:

❶ 将所有材料放置在杯中。

❷ 用80℃水冲泡。

❸ 冲泡之后盖严杯盖，温浸15分钟即可饮用。

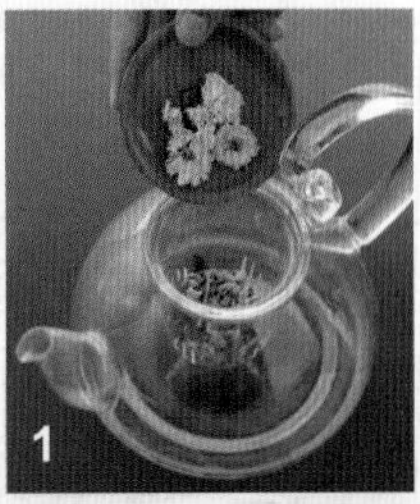

1

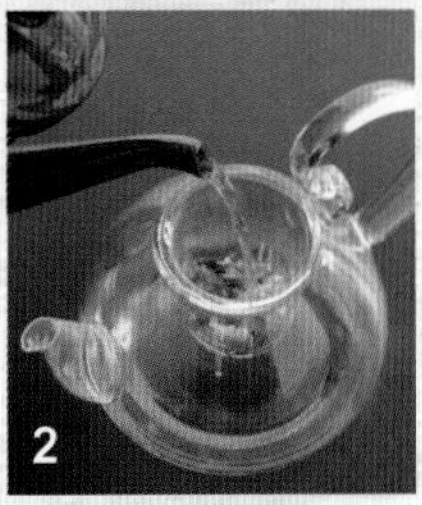

2

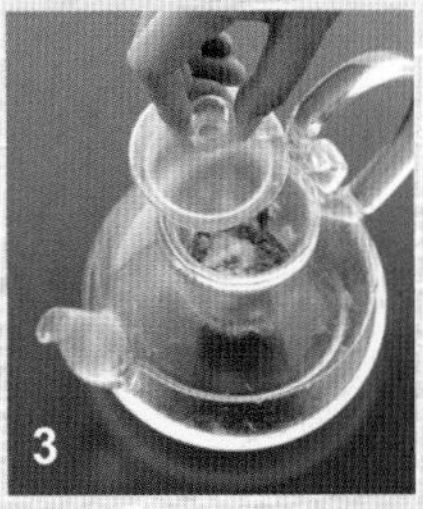

3

功效：

清肝明目、降压降脂，缓解高血压引起的头晕头痛，眼底、鼻子出血。

超级啰嗦:

槐花在此道茶饮中具有清热解毒、凉血润肺、降血压的功效，但在食用时也有一些禁忌。因为槐花比较甜，糖尿病患者最好不要多用，症状消失就可停用。

决明子菊花茶

原料：

决明子10克，菊花4朵，枸杞子8粒，水500～600毫升

做法：

❶ 将决明子、菊花、枸杞子放入壶中。

❷ 加入开水冲泡。

❸ 盖严壶盖，温浸20分钟即可饮用。

功效：

此道茶饮具有降压、减脂、抗疲劳的作用。

超级啰嗦：

** 枸杞子、决明子、菊花在用之前可以用清水冲洗一下，去掉表面的浮土再冲泡。

** 可以提前将决明子捣碎一些，这样更有利于有效成分的浸出。

** 如果冲泡此茶饮的水温达不到100℃，那么温浸的时间可延长到30分钟，效果是一样的。

** 此茶饮中的菊花最好选用贡菊，如果实在没有贡菊，选择杭白菊、杭黄菊、滁菊也可。

杞菊明目茶

原料:

枸杞子15粒，贡菊6朵，绿茶或花茶3克，冰糖少许，水500～600毫升

做法:

❶ 将枸杞子、菊花、茶叶放入壶中。

❷ 加入开水冲泡。

❸ 盖严壶盖，温浸20分钟即可饮用。

功效：

此道茶饮具有清肝明目的作用，适合因长时间使用电脑而导致的眼睛干涩、疲劳人群。

超级啰嗦:

** 此茶饮中的菊花最好选用贡菊，因为贡菊清肝明目的功效更加显著。

** 贡菊在药店、茶叶店都能购买到。

** 这道茶饮即使喝到没有茶味也不要急于倒掉，晚上可以用此茶水温润一下眼皮，能增强明目的效果。

** 如果服用此茶饮者本身有胃寒的问题，可以用花茶替代绿茶。

玉米须翠衣茶

原料:

玉米须10克，西瓜皮100克，水600毫升

做法:

❶ 西瓜皮洗净，去除红瓤，取白色部分并保留外层绿色的皮，切成小块。

❷ 玉米须洗净备用。

❸ 将所有原料放入小锅中，倒入水，大火煮开后，转小火煎煮10分钟即可。

功效:

此道茶饮具有降压、利尿、消肿、降血糖的功效。

超级啰嗦:

** 这道茶特别适合夏天喝，好处多多，我还给它起了一个特文雅的别名—大贤惠茶，你看，西瓜皮和玉米须，平时你随手就扔掉的东西，全变废为宝啦，喝了还能帮助降血压，降血糖，消肿利尿，最重要的一点是—还很好喝!

** 这个玉米须翠衣茶，能够降压、利尿，还能消肿、降血糖，很适合夏天喝。

** 在处理西瓜的时候，要把表皮清理干净，将红色的瓤去除干净，不然煎煮的时间长，口感会发酸。

** 西瓜皮要保留白色的部分和外皮，一起熬煮功效才会更好。

** 无论是晒干的还是新鲜的玉米须，在做茶饮前都要清理干净，尤其须子头部很容易沾上土和杂质。

** 需要调节血压和血糖的人群，可以经常饮用此茶，可以在当季的时候将玉米须和西瓜皮处理干净后放在冰箱冷冻，这样就不用担心别的季节食材不好找了。

茶饮、好好喝

喝后减压力

桂香茶

原料:

桂花3克，牛奶200毫升，红茶2克，盐1克，糖或蜂蜜少许

做法:

❶ 将牛奶、红茶放入锅中，中火煮。

❷ 待锅中茶饮起小泡时，放入桂花，煮沸后转小火熬煮10分钟。

❸ 放入盐、糖或蜂蜜，搅匀即可饮用。

1

2

3

功效:

此道茶饮具有健脾暖胃、舒缓压力的功效，对口臭、咽干有很好的缓解。

超级啰嗦:

** 桂花一般在超市、茶叶店都能买到，挑选桂花时要注意，质量好的桂花形态完整并带有植物的清香，颜色鲜艳的为佳。灰暗或分辨不出颜色的，最好不要购买。有发霉气味的产品也不要购买。

** 此道茶饮在放入桂花后不宜久煮，否则会影响桂花的味道。

合欢解郁饮

原料：

合欢花5克，蜂蜜适量，水600毫升

做法：

❶ 将合欢花放在杯中，开水冲泡。

❷ 盖严杯盖，温浸15分钟。

❸ 温度下降到60℃左右，加入蜂蜜即可饮用。

功效：

此道茶饮具有疏肝解郁，安神清心的功效。

超级啰嗦：

** 合欢花是一味很好的食材，可以治疗神经衰弱，具有宁心安神的作用，尤其对郁结胸闷、失眠健忘等症状有很好的疗效。

** 合欢花在药店就能够买到，在挑选时以表皮细密、内皮颜色黄，尝一下，味道涩并且有刺舌感者为佳。

** 合欢花要密封保存，以防霉变、虫蛀。

** 此道茶饮，阴虚体质谨慎服用。

迷迭香活力饮

原料:

迷迭香 2 克，绿茶 2 克，蜂蜜 5 毫升

做法:

❶ 将绿茶放入壶中，用开水冲泡。

❷ 浸泡5分钟后放入迷迭香，搅拌一下。

❸ 盖严壶盖，温浸15分钟，待温度下降至60℃左右，倒入蜂蜜即可。

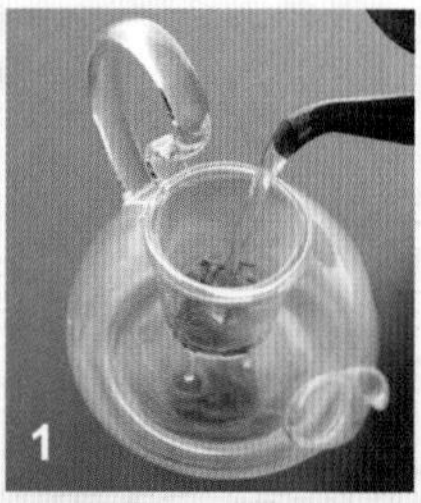

1

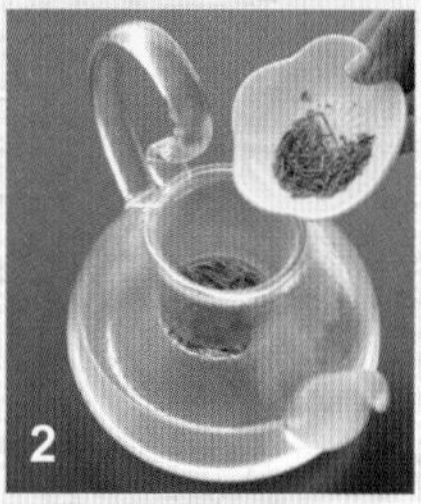

2

3

功效：

此道茶饮具有纤体排毒，醒神，增强记忆的功效。适用于办公室用脑过度人群。

超级啰嗦:

** 此道茶饮孕妇禁用。

** 迷迭香是一种植物，常用作西式烹调、泡花草茶。通常在超市调料货架就可以买到。

** 先用开水冲泡绿茶，冲泡后温浸一会儿，待温度不是很高再放入迷迭香，以免水温过高使迷迭香的有效成分丢失。

** 加入蜂蜜前要注意水温，待温度下降到60℃左右再加入，以免水温太高破坏了蜂蜜的营养成分。

马鞭草茶

原料：

马鞭草5克，干迷迭香3克，水500毫升

做法：

❶ 将马鞭草、迷迭香放入茶壶中，用开水冲泡。

❷ 冲泡后盖严壶盖。

❸ 温浸10分钟即可饮用。

功效：

此道茶饮具有利尿消肿、缓解下半身水肿、提神、缓解压力的功效。

超级啰嗦：

** 此道茶饮具有提神、缓解焦虑情绪的功效，所以孕妇和儿童不宜饮用。

** 马鞭草具有消肿利尿的作用，对于因长时间坐办公室而导致腿肿的白领，具有很好的消除下肢水肿的功效。

** 迷迭香是一种香草植物，在作为茶材的同时也是一种常用香料。具有安神醒脑、缓解压力的作用。适合因感冒引起的头痛，以及用脑过度、焦虑不安的人群。

** 此道茶饮中的迷迭香是干品，优质干品迷迭香应该是叶片完整、香气浓郁、干燥无霉变的。

薰衣草舒压茶

原料:

薰衣草2克，茉莉花茶5克，蜂蜜少许，水600毫升

做法:

❶ 将茉莉花、薰衣草放入壶中，用开水冲泡。

❷ 盖严壶盖，温浸15分钟。

❸ 待茶饮的温度稍微凉一些，加入蜂蜜调味即可饮用。

功效：

此道茶饮具有镇静安神，舒缓压力的功效，可改善因紧张引起的失眠、头痛等。

超级啰嗦:

** 此道茶饮孕妇禁用。

** 对薰衣草过敏、有哮喘的人群慎用。

** 薰衣草一日的服用量不要超过3克。

** 选择薰衣草时注意，要选购颜色不过分艳丽、无潮湿现象、干燥的。

** 薰衣草要放在密封容器中，存放于避光、阴凉处。

** 冲泡此道茶饮时，薰衣草不要浸泡时间过长，时间太长有效成分会挥发的太快。

** 加入蜂蜜之前，一定要将茶饮的温度降至60℃左右，否则高温会分解蜂蜜的有效成分。

** 薰衣草在茶叶店就能够买到，属于花草茶一类。

** 此道茶饮也可以作为熏蒸来使用，晚上睡觉前，放置一小盆煮开的薰衣草茉莉茶（作为熏蒸就不放蜂蜜了)在床边，可以很好地助眠，缓解压力。或者将服用后的薰衣草和茉莉花茶晒干，装在锦囊中放在枕边，以改善睡眠。

甘麦大枣茶

原料：

甘草3克，小麦10克，大枣2枚，水600毫升

做法：

❶ 大枣去核，切成两半。

❷ 将小麦、大枣、水放入锅中，大火煮开后转小火煎煮20分钟。

❸ 放入甘草再煎煮10分钟即可。

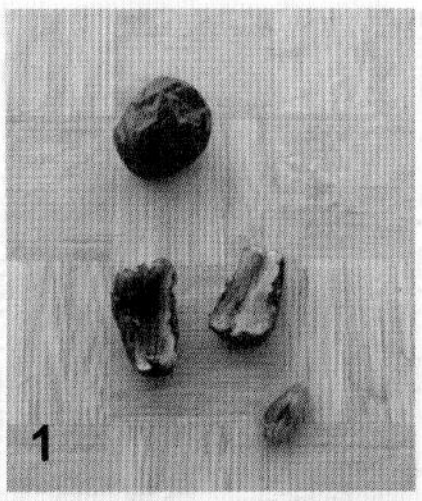

1

2

3

功效：

此茶饮适用于心神不宁，由于精神压力过大引起的失眠。

超级啰嗦：

** 此道茶饮适宜四季饮用，温热时饮用效果最好。

** 小麦在药店就可以买到，通常被称作“浮小麦”。

** 将大枣提前去核、切半，可以更好的浸泡出有效成分。

** 甘草在药店就可以购买到，一般药店会出售生甘草和炙甘草两种，此道茶饮中我们选择的是炙甘草，就是经过特殊加工的甘草。

肉桂苹果茶

原料:

苹果半个，肉桂粉1克，红茶2克，蜂蜜少许，水600毫升

做法:

❶ 苹果洗净后切成薄片。

❷ 将苹果、红茶放入茶壶中，倒入开水冲泡。

❸ 随后放入肉桂粉，搅拌均匀。

❹ 盖严盖子，将茶饮温浸15分钟。

❺ 待水温下降到不烫手（约60℃），放入蜂蜜调味即可饮用。

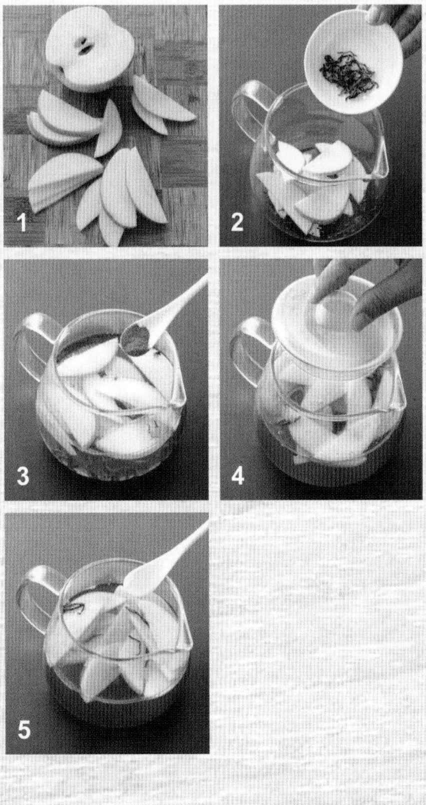

功效：

此茶饮具有安神助眠、缓解压力的功效。

超级啰嗦:

** 此道茶饮孕妇慎用。

** 苹果切薄片后，可以浸泡在清水中，防止暴露在空气中氧化。

** 苹果的选择可以随个人喜好，最好选择脆质的品种。

** 肉桂粉也叫玉桂粉，是肉桂和大叶清化桂的干皮和枝皮制成的粉末，有种特殊的芳香，让人感觉温和，植物的性味决定了它的功效。

** 此道茶饮如果选择的苹果很甘甜，就可以不加蜂蜜，大家可以灵活掌控。

桑葚蜜茶

原料:

桑葚10克，蜂蜜5毫升，水500毫升

做法:

❶ 将桑葚清洗后放入壶中，用开水冲泡。

❷ 冲泡后盖严壶盖，温浸10分钟。

❸ 温浸后待温度降至60℃左右，调入蜂蜜即可饮用。

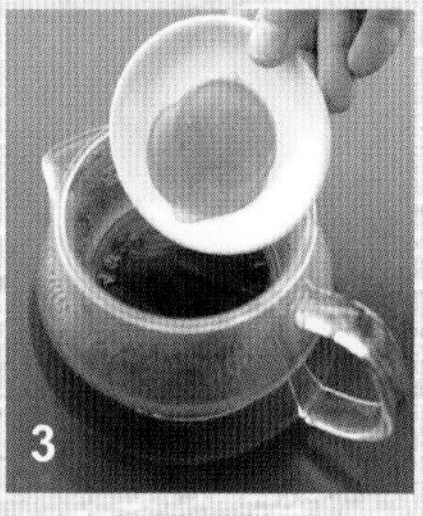

功效:

此道茶饮具有滋补肝肾、养心安神的功效，适合神经衰弱、耳鸣、烦躁失眠的人群。

超级啰嗦:

** 此道茶饮中桑葚是干品，在药店的中草药柜台就能购买到。也可以选择新鲜的桑葚泡茶。挑选颗粒饱满、颜色紫红、外观完整、没有杂质的为佳。

** 因为桑葚具有通便的效果，所以腹泻的人群不适合喝哦。

五味子枣仁茶

原料:

五味子6克，枣仁6克，水500毫升

做法:

❶ 将枣仁用擀面杖稍稍擀碎。

❷ 将所有原料放置在壶中，用开水冲泡。

❸ 盖严壶盖，温浸15分钟即可。睡前温饮效果更好。

1

2

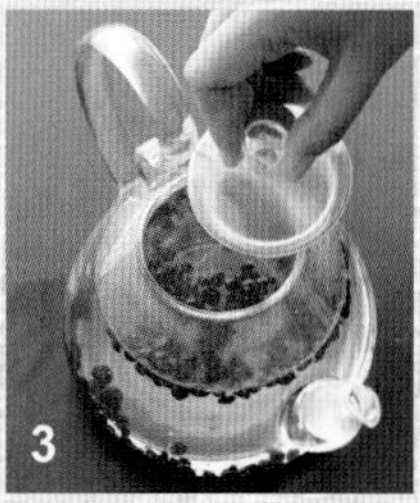

3

功效：

此道茶饮具有宁心安神，健脑益智的作用，尤其对于五心烦热的人群具有比较好的效果。

超级啰嗦:

** 五味子分为北五味子和南五味子两种，北五味子质量比南五味子好。在购买五味子时可以选择整体呈不规则的球形或扁球形，表面紫红色或暗红色，油润有光泽，果肉柔软，皮薄而脆，果肉尝起来偏酸的。

** 五味子要放在密闭的空间保存，以防虫蛀霉变。

** 枣仁也叫酸枣仁，具有养肝血，安神的作用。可以在药店购买到。

** 在冲泡此道茶饮时可以提前将酸枣仁用擀面杖碾碎一些，这样更有利于冲泡出有效成分。

** 这道茶饮建议睡前、温热的时候喝，这样安神的效果更好。

玉竹西洋参茶

原料：

玉竹6克，西洋参2片，水600毫升，蜂蜜少许

做法：

❶ 将玉竹、西洋参放入杯中，用开水冲泡。

❷ 冲泡后，盖严杯盖温浸15分钟。

❸ 水温下降至约60℃时加入蜂蜜即可饮用。

功效：

此道茶饮具有润肺生津，益智安神，滋阴补气的功效，缓解因精神紧张、亚健康状态而引起的乏力。

超级啰嗦：

** 西洋参也叫花旗参，是人参的一种，有滋阴补气、生津的作用。在购买西洋参时首先要看它的整体形状，首先要选择大小均匀，质地坚实，表面有紧致纹路的。其次可以通过闻、品尝进行鉴定，好的西洋参气味甘、香，没有异味。尝起来微微有点苦，含服一会儿后会变得甘甜。

** 在服用西洋参期间如果出现腹泻现象，停服就可以了。

** 玉竹是百合科的一种草本植物。具有养阴，润燥，清热除烦的作用。在药店就能买到。

茶饮、好好喝

喝出好胃口

山楂桂花茶

原料：

山楂干 8 片，糖桂花酱1汤匙（10毫升），水600毫升

做法：

❶ 将山楂干洗净，放入杯子中，倒入开水冲泡。

❷ 待茶饮温度降低至温热时，放入桂花酱，搅拌均匀。

❸ 盖严杯盖，温浸15分钟即可饮用。

1

2

3

功效：

此道茶饮具有减肥、清胃、健脾醒神的功效。

超级啰嗦：

** 大吃大喝之后，脾胃需要休息和调整，这道茶正好可以帮助我们健脾消食，开胃化积。山楂尤其适合化解肉类和乳制品的油腻，很适合春节之后喝哦！而且材料很简单，上班的时候直接冲泡就可以。

** 桂花酱在超市就能买到，超市一般有糖桂花和咸桂花两种，做茶饮选择糖桂花更好一点。

** 如果没有糖桂花，就用干桂花和山楂一起冲泡，等温凉后加蜂蜜调味。加了桂花之后不光味道更好，还能醒脾开胃，桂花的香味还能缓解心情的紧张哦！

** 这道茶饮一般人都可以喝，但是保险起见，准妈妈就不要尝试了。

陈皮大枣茶

原料：

陈皮5克，大枣1枚，水600毫升

做法：

❶ 大枣去核，一分为二。

❷ 将所有材料放入杯中，倒入开水。

❸ 盖严杯盖，温浸15分钟即可饮用。

功效：

疏肝理气，健脾和胃。

超级啰嗦：

** 此道茶饮温热时喝效果更好。

** 陈皮在药店就能买到，可以提前用清水清洗一下。因为在药店购买的草药，炮制、运输等环节中会有尘土、杂质附着在药物上。

** 陈皮也可在家自己制作，橘子皮清洗干净后切成丝，用风干机或者自然干燥皆可。

** 如果在服用期间有上火现象，可以加大原料中的水量，让浓度稀释便可，或者停服几日。

牛蒡茶

原料：

牛蒡7～8克，蜂蜜适量，水500毫升

做法：

❶ 将牛蒡放入壶中，用开水冲泡。

❷ 盖严壶盖，温浸15分钟。

❸ 温度下降至60℃左右，倒入蜂蜜即可饮用。

功效：

此道茶饮具有健脾养胃、降脂降压、通便、清热解毒、祛湿、祛斑的功效。

超级啰嗦：

** 牛蒡是很好的保健食材，是以中草药牛蒡根为原料的纯天然茶品。牛蒡具有很奇特的功效，一边排除人体的毒素，一边为人体滋补、调理。可炖、煮、涮、做汤等。因为牛蒡茶含有大量牛蒡甙和木脂素，所以具有抗癌活性物质。牛蒡茶是老幼四季皆宜茶饮。

** 牛蒡在药店、超市、茶叶店都能购买到，选购时要注意外观，看牛蒡茶是否空心，看是否为小圆片，因为小圆片是优质黄金牛蒡的标志；冲泡后，观察水的颜色，色泽是否红润，闻起来是否香浓。如果购买时有条件的话可以试喝一下，好的牛蒡茶味道甘醇柔滑，耐冲泡，喝完口留余香。

** 牛蒡要密封保存，否则接触湿气容易变质发霉。

话梅姜蜜饮

原料:

话梅3颗，生姜5克，蜂蜜少许，水600毫升

做法:

❶ 把姜切成薄片或细丝，和话梅一起放入杯中，倒入开水冲泡。

❷ 盖严杯盖，温浸10分钟。

❸ 待茶的温度下降后（约60℃），再放蜂蜜即可。

功效：

此道茶饮具有增进食欲、健脾养胃的作用。

超级啰嗦:

** 夏天天气闷热，食欲不好，喝这个“话梅姜蜜饮”，能健胃温脾，还能增进食欲，不是有“冬吃萝卜夏吃姜，不用医生开药方”的老话嘛。

** 话梅尽量选择味道偏酸的，过于甘甜的效果会略差一些。另外，没有话梅，选择话梅肉也可以。

** 如果是需要控制血糖的人群，喝的时候可以不放蜂蜜。

** 姜切片或者切丝的时候要尽量切得薄和细，这样食材中的有效成分才能更充分地发挥出来。

** 平日容易上火的人，可以将生姜去皮之后再泡茶。

姜片苏叶饮

原料:

姜2片，苏子叶1片，水500毫升

做法:

❶ 姜切片，放入壶中，用开水冲泡。

❷ 浸泡几分钟后放入苏子叶。

❸ 盖严壶盖，温浸15分钟即可饮用。

功效:

此茶饮具有疏散风寒，缓解头痛的功效，对于风寒型感冒有很好的效果。

超级啰嗦:

** 苏子叶可以选择干品，也可以用新鲜的。干品在药店就可以购买到。新鲜的苏子叶在市场上就可以买到，通常有两种，一种紫色的，一种绿色的。作为茶饮，上述这几种均可。

** 姜片尽量切得薄一些，才更容易浸泡出有效成分。

** 放进苏子叶后，不要浸泡时间过久，闻到苏子叶的香气就可饮用，因为浸泡、煎煮过久，有效成分容易挥发掉。

** 喝完茶饮可以再加水煮开，用此水泡脚，能更快缓解感冒受寒的症状。

山楂麦芽茶

原料：

山楂干10克，麦芽10克

做法：

❶ 将洗净的山楂干、麦芽放到茶壶中。

❷ 用开水冲泡。

❸ 盖严壶盖，温浸20分钟即可饮用。

功效：

此方具有消食化滞的功效。适用于肉食、乳制品食用过多所致的脘腹胀满、食欲不振、恶心呕吐等症。

超级啰嗦：

** 山楂的酸性成分比较高，所以此茶饮不要空腹喝。

** 山楂干可以买现成的，也可自己做，把鲜山楂清洗后，去核、切片晾晒干即可。尽量不用鲜山楂，因为鲜山楂对胃的刺激比较大。

** 山楂干要密封存放，放置在阴凉通风处。

** 麦芽在药店中有生、熟之分，我们这道茶饮中选择的是熟麦芽，也就是炒制过的，因为炒制后的麦芽对胃会更好。

** 如果觉得这个茶饮有些酸，可以放一些冰糖调和口味。

** 哺乳期妈妈禁用，因为有回乳的作用。

柿蒂竹茹饮

原料:

柿蒂3个，竹茹3克，绿茶2克，水600毫升

做法:

❶ 将所有原料放置在杯子中。

❷ 用开水冲泡。

❸ 盖严杯盖，温浸15分钟后即可饮用。

功效:

此道茶饮有降气，缓解反胃，助消化，增进食欲的功效。

超级啰嗦:

** 饮用此道茶饮时不要空腹，肠胃弱的人群要谨慎服用。

** 这道茶饮中的柿蒂也叫柿钱、柿子把，具有止呃逆、降气的作用。

** 柿蒂可以到药店的中药柜台购买。也可以自己晾晒，取柿子的果蒂，去掉柄，晒干即可。

** 竹茹是一味中药材，为禾本科植物淡竹的茎秆的干燥中间层。具有清热化痰，除烦止呕，安胎凉血的作用。

甘蔗红茶饮

原料：

甘蔗200克，红茶3克，水500毫升

做法：

❶ 将甘蔗切成细碎的小丁，尽可能切得小一点。

❷ 将红茶、切碎的甘蔗放入杯中，加入开水冲泡。

❸ 冲泡后，盖严杯盖温浸10分钟即可饮用。

1

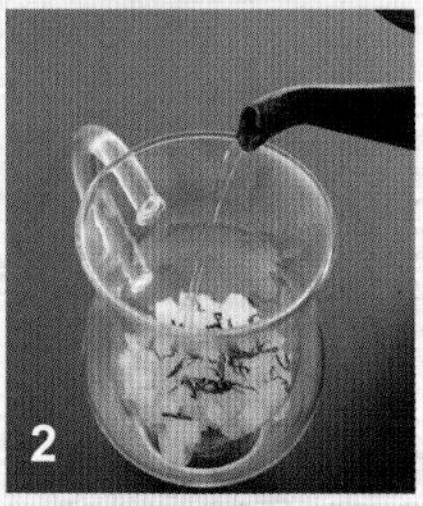

2

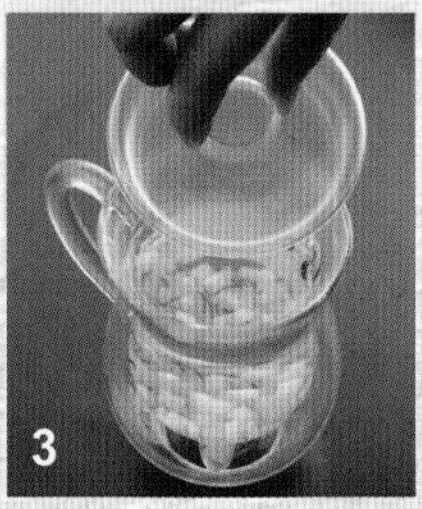

3

功效：

此道茶饮具有醒酒和胃、养阴生津、润肺的功效，是秋季、夏季的理想饮品。

超级啰嗦：

** 此道茶饮如果不是在家中饮用，可以提前将甘蔗切碎放在密封盒中保存，带到办公室或者学校就可以了。

** 也可以将甘蔗提前榨汁，取50毫升甘蔗汁和3克红茶，开水冲泡饮用。养阴润肺的效果是一样的。

** 如果想用此道茶饮来醒酒，建议加大甘蔗的量，500克的甘蔗榨出汁后，用此汁煎煮红茶，在饮酒后服用，解酒效果会更好。

** 此道茶饮中的红茶可以依据个人喜好选择不同的品种，没有什么严格的要求。

金橘减脂醒酒茶

原料:

金橘干3枚，红枣2枚，山楂干5克，决明子5克，话梅2颗，红茶3克，水500毫升

做法:

❶ 红枣去核，一分为二。

❷ 用擀面杖将决明子压碎。

❸ 将所有原料洗净后放置在壶中，加入开水冲泡。

❹ 冲泡之后，盖严杯盖。

❺ 温浸15分钟即可饮用，温饮效果更好。

功效:

此方具有消食醒酒，健脾行气的功效。

超级啰嗦:

** 这个茶饮中的金橘我们可以选用金橘干，如果买不到金橘干，新鲜的金橘也可以，切片浸泡效果会更好。

** 此方中的话梅尽量选择味道酸甜的，冲泡后醒酒效果会更好。

** 解酒的茶饮建议除酒后服用之外，饮酒后的第二天、第三天也坚持饮用。

** 这道茶饮也适合节后清理肠胃时饮用，用以缓解节假日暴饮暴食给肠胃带来的负担。

注意事项:

孕妇不宜饮用此茶饮。

芹菜解酒茶

原料:

芹菜（尽量取根部）15克，干荷叶10克，水500毫升

做法:

❶ 将芹菜茎连同根清洗后捣碎。

❷ 将荷叶撕成两厘米大小的片，把上述食材放入小药包中，放入杯中。

❸ 用开水冲服，温浸10分钟即可饮用。

功效:

此道茶饮具有利水、清火、护肝、解酒的功效。

超级啰嗦:

** 此道茶饮可以在醉后喝一杯，之后连续饮用两天，每日两次。

** 醉酒后趁温热服用，不要太凉，以免伤脾胃。

** 芹菜要保留根部效果才更好，但是根部有很多泥土附着在根须上，所以要清洗干净才可入茶饮。

** 装食材的小布包，在药店的中药材柜台就能够买到，如果没有也可自己制作，用干净的纱布代替也是一样的。如果也没有纱布，直接将芹菜捣烂一些放入茶杯里直接冲服饮用也可。

酸梅汤

原料

乌梅5粒，山楂干15片，陈皮3克，甘草3克，冰糖10克，水1000毫升

做法:

❶ 将清洗后的乌梅、山楂干、陈皮、甘草放入干净的容器中，用清水浸泡2小时。

❷ 放入锅中，用大火烧开。

❸ 水开后转成小火煎煮20分钟，放冰糖，搅拌均匀，待冰糖溶化后即可饮用。

功效：

酸梅汤具有消食化积、健脾祛湿、解暑的功效。适合炎热的季节饮用。

超级啰嗦:

** 乌梅是将青梅用烟火熏黑制成的，具有生津止渴、止泻、止咳的功效。在药店就能买到乌梅，我们在挑选乌黑时以果核坚硬、肉质柔软，尝起来味道酸甜的为佳。

** 陈皮是橘子的干燥果皮，储存3年以上的才能称之为陈皮。以广东产的质量最好。年份越久质量越好，陈皮具有理气、除湿化痰的作用。挑选的时候要通过表皮的颜色、质地软硬来鉴别。质地比较硬，颜色深的是年份长的。

** 甘草是药食同源的材料，在药店、茶叶店、调料柜台都能够买到，具有补脾益气、润肺止咳的功效。在挑选时要看甘草的外皮是否紧致，颜色以偏红、深黄色，有微微的光泽，尝起来味道甘甜的为佳。

醒神茶

原料:

薄荷2克，绿茶2克，枸杞子6粒

做法:

❶ 将绿茶、枸杞子放入杯中，倒入开水冲泡。

❷ 放入薄荷，搅拌。

❸ 盖严杯盖，温浸10分钟即可。

功效:

此茶饮具有提神醒脑，舒缓压力的作用。

超级啰嗦:

** 薄荷可以选择干品，也可以用新鲜的。干品多在药店的草药柜台购买，新鲜的薄荷在市场上就能买到。本道茶饮，两种皆可。

** 先用开水冲泡绿茶和枸杞子，冲泡后温浸一会儿，待温度不是很高再放入薄荷，以免水温过高使薄荷的有效成分丢失。

** 绿茶有很多种，依据个人喜好，选择哪种都可以。

** 枸杞子本身具有滋补功效，但不要大量使用，容易上火。因为枸杞子含有比较高的糖分，所以要放在密封的容器中，放置于阴凉干燥处，防止生虫。

茶饮、好好喝

喝走女性烦恼

桂皮山楂饮

原料：

桂皮2克，山楂干5克，红糖5克

做法：

❶ 将桂皮擀碎，尽量擀得细碎一些。

❷ 山楂干、擀碎的桂皮一起放在容器中，加入开水冲泡。

❸ 放入红糖，盖严杯盖，温浸10分钟。趁热喝最好。

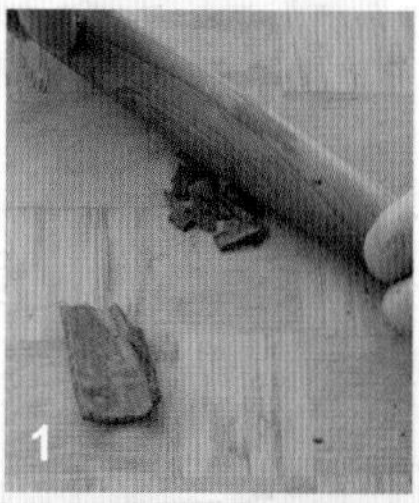

功效：

此道茶饮具有温经止痛的功效，对于因受寒而致的经期腹痛有缓解作用。

超级啰嗦：

** 此道茶饮建议温热服用。

** 孕妇禁用，月经量大的女性慎用。

** 桂皮要提前擀得细碎一些，如果家里有料理机，也可以打成粉，装在茶包里冲泡。这样桂皮的有效成分更容易冲泡出来。

** 这道茶饮中的红糖是不可或缺的，最好不要用绵白糖、砂糖或者蜂蜜代替。因为红糖含有很多营养成分，容易被人体吸收。另外红糖还具有补中益气、健脾胃和暖胃的功效。在经期饮用红糖饮，可以起到活络气血，加快血液循环的作用。

茴香姜饮

原料:

小茴香6克，生姜3片，水500毫升

做法:

❶ 小茴香用擀面杖压碎。

❷ 生姜片与小茴香一同放在杯子中，用开水冲泡。

❸ 冲泡后盖严杯盖，温浸10分钟即可饮用。

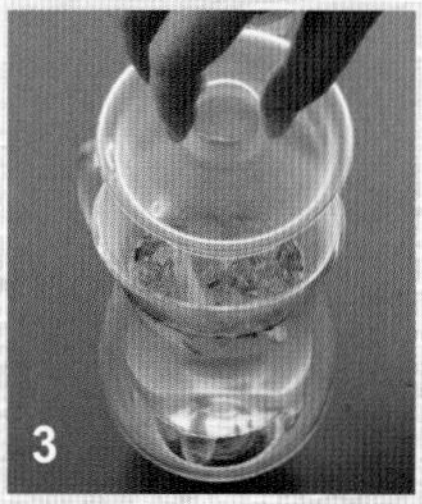

功效：

此道茶饮具有温经散寒、行气止痛的功效，适合手脚冰凉、怕冷的人群。

超级啰嗦:

** 此道茶饮中的小茴香就是我们常用的香料，具有温阳散寒、理气止痛、助消化的功效。好的小茴香颗粒饱满、闻起来香气浓郁。

** 小茴香提前擀碎，能把有效成分更好地冲泡出来。

** 生姜尽量切得薄一点，效果会更好。

姜枣红糖饮

原料:

大枣2枚，生姜2片，水600毫升，红糖10克

做法:

❶ 大枣去核，与姜片、红糖一起放入壶中。

❷ 加入开水冲泡。

❸ 盖严杯盖，温浸20分钟即可饮用。

功效:

此道茶饮适用于寒凝、气血不足引起的痛经。

超级啰嗦:

** 此道茶饮可以在经期服用，温热时喝下，效果更佳。

** 处理姜片时，最好保留姜皮，这样能更多地发挥姜在此道茶饮中的作用。

** 大枣最好去核并切开后再冲泡，这样才能更好地发挥功效。

** 选择大枣时以外观完整、颗粒饱满、肉质厚、核小的为佳。购买后应存放在密闭容器中，放置阴凉处贮存。

香附玫瑰花茶

原料：

香附3克，玫瑰花5朵，红糖少许，水500毫升

做法：

❶ 将香附放入锅中大火煮开，转小火煎煮5分钟后关火。

❷ 放入玫瑰花。

❸ 放入红糖，待完全溶化后即可饮用。

功效：

此道茶饮具有调经止痛，理气解郁的功效。适合经期小腹坠胀、行经头痛及更年期心烦等症状。

超级啰嗦：

** 孕妇以及月经量多的人群禁止饮用这道茶饮。

** 挑选玫瑰花时，选择花形完整、气味清香、含苞的为佳。

** 玫瑰花因为富含精油而容易挥发，所以不要过度煎煮，以避免有效成分的流失。等其他材料煎煮得差不多时再放入，泡片刻即可。

** 此道茶饮的玫瑰花，干品、新鲜的都能用。如果是新鲜的玫瑰花，要放入保鲜袋中冷冻；干燥的玫瑰花密封好后，放置阴凉干燥处。

** 此道茶饮如果没有条件煎煮，也可用开水冲泡，冲泡的顺序和煎煮是一致的。

益母大枣茶

原料：

益母草6克，大枣2枚，枸杞子6粒，水600毫升，红糖10克

做法：

❶ 将益母草用冷水浸泡20分钟。

❷ 将益母草和浸泡的水一起放入锅中，大火煮开后转小火。

❸ 放入去核的大枣、枸杞子、红糖，煎煮5~10分钟后即可服用。

功效：

此道茶饮具有温经散寒、祛瘀止痛的功效，适应于月经量少的人群。

超级啰嗦：

** 此道茶饮可以在经期服用，趁温热时喝下，效果更好。

** 益母草提前用水浸泡，记得用冷水，浸泡的目的是最大限度地发挥药效。

** 益母草在药店就可以买到，买回家后需要把药材过筛，以免有太多的杂质。

** 此道茶饮，大枣和枸杞子都含有糖分，如果血糖偏高的人可以不放红糖。

佛手姜茶

原料：

佛手10克，生姜6克，水600毫升

做法：

❶ 将生姜切片备用。

❷ 将佛手、姜片放入壶中，用开水冲泡。

❸ 盖严壶盖，温浸15分钟即可饮用。

1

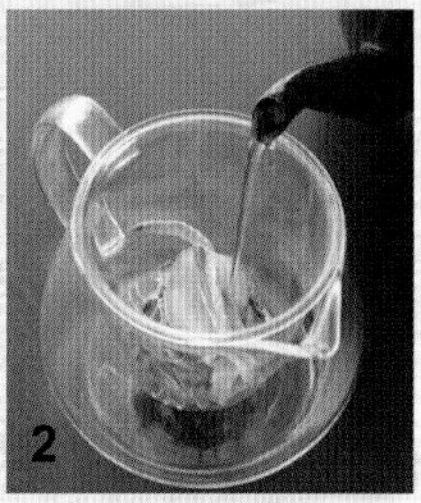

2

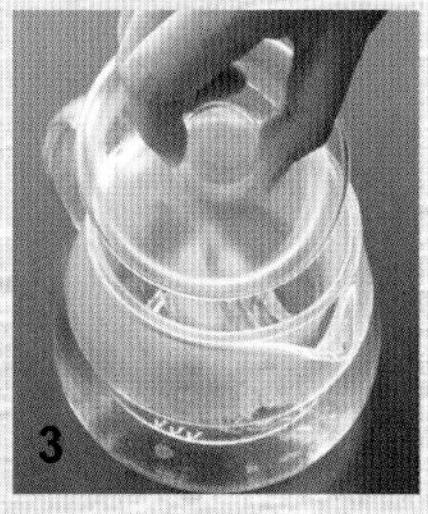

3

功效：

此道茶饮可以改善因肝胃不和引起的妊娠水肿症状。

超级啰嗦：

** 佛手属药食同源的食材。具有理气化痰、止咳消胀、舒肝健脾、和胃等多种药用功能。有很高的药用价值，同时还可以煲汤、做菜。

** 佛手在药店就能买到，有的地方也叫佛手柑。

** 佛手买回家后，一定要放置于阴凉干燥处，防霉、防蛀。

** 此道茶饮中的生姜不要切得太厚，薄片会更有利于有效成分的泡出。

** 平时容易上火的人，可以把姜去皮处理。

麦芽回乳茶

原料：

炒麦芽60克，茶叶5克，水500毫升

做法：

❶ 所有原料放置在杯子中。

❷ 用沸水冲泡，将杯盖盖严。

❸ 温浸15分钟即可饮用。

1

2

3

功效：

此道茶饮具有断奶回乳的功效。

超级啰嗦：

** 麦芽也叫大麦芽，具有助消化、理气开胃、降血糖的作用。在药店购买时，中药柜台会分为生麦芽、炒麦芽两种，我们选择炒制的。优质的麦芽外观呈菱形，颗粒饱满，色泽淡黄，闻起来有炒制的香气。

** 麦芽购买后要放置在密封的容器中，以免霉变、虫蛀。

** 此道茶饮也可以在前一天用水煎煮，取汤汁保存在密封容器中，第二天加热饮用。

山楂止痛饮

原料：

山楂干15克，绿茶2克，水500毫升

做法：

❶ 将山楂干、绿茶放入壶中，用开水冲泡。

❷ 将壶盖盖严，保温。

❸ 温浸15分钟即可饮用。

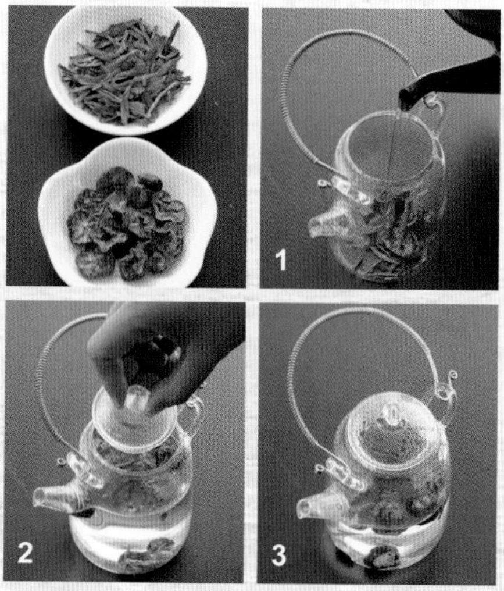

功效：

此道茶饮具有缓解产后腹痛的功效。

超级啰嗦：

** 此道茶饮中的山楂干是新鲜山楂经过晾晒后的成品，具有活血化瘀、行气的功效。适于产后腹痛、恶露不尽的妇女饮用。

** 山楂干可以在药店购买，选择表皮没有黑点、果肉没有虫蛀、发霉现象的即可。

** 山楂干也可以自己晾晒，新鲜的山楂清洗后，去核切片，将水分晾晒干即可。

注意事项：

此道茶饮孕妇禁服，肠胃功能弱的人少食用山楂，以免刺激胃黏膜。

玉米芯茶

原料:

玉米芯30克，红糖10克，水600毫升

做法:

❶ 将玉米芯切片。

❷ 将玉米芯、红糖放入杯中，用开水冲泡。

❸ 盖严杯盖，温浸15分钟后即可饮用。

功效：

此道茶饮具有健脾利湿的功效，适用于产后出虚汗的人群。

超级啰嗦:

** 此道茶饮中的玉米芯用的是煮熟的。

** 建议将煮熟的玉米芯清洗干净后晾干，切成小一点的块或者片再冲泡，效果更佳。

** 如果血糖偏高的人可以不放红糖。

** 此道茶饮建议温热服用，不要过凉。

芝麻催乳茶

原料:

芝麻5克，红糖10克，绿茶1克，水500毫升

做法:

❶ 将芝麻擀碎。将芝麻、红糖、绿茶放在容器中，加入开水冲泡。

❷ 盖严杯盖。

❸ 温浸10分钟即可饮用。

功效:

此道茶饮具有催乳的效果，适合产后乳汁分泌少的哺乳期女性。

超级啰嗦:

** 芝麻要选择炒熟的黑芝麻，并且在冲泡之前尽量将芝麻擀得细碎一些（也可以用搅拌机打碎），以便更好地冲泡出有效成分。

** 黑芝麻具有滋补肝肾、益气、健脑的作用。

** 黑芝麻以颗粒饱满、色泽均匀、有芝麻香气、无虫蛀者为佳。现在有很多劣质、染色的黑芝麻，我们可以在选购的时候用一块浸湿的纸巾搓一下芝麻，如果掉色，说明是假的。

茶饮

好好喝 祛除小毛病

红梅瑰茶

原料:

白梅花5克，玫瑰花3朵，红花3克

做法:

❶ 将白梅花、玫瑰花、红花放置在杯中，加入开水冲泡。

❷ 冲泡后盖严杯盖。

❸ 温浸10分钟即可饮用。

1

2

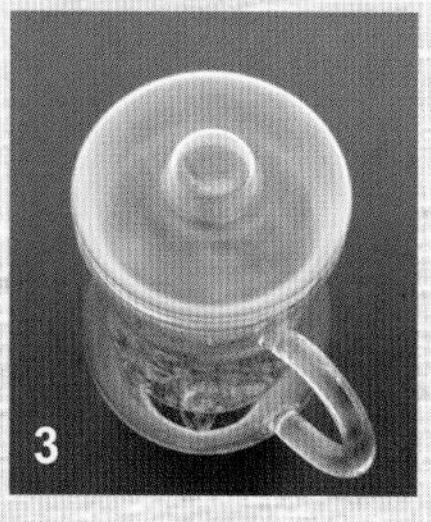

3

功效:

此道茶饮具有清热润燥、疏肝解郁、活血化瘀的功效。适用于经期烦躁、月经量少的女性。

超级啰嗦:

** 此道茶饮孕妇禁用，月经量多的女性禁服。贫血、气血不足的人群不宜饮用。

** 每日服用红花的剂量不能超过10克。

** 红花的功效主要是活血通经、祛瘀止痛、美容祛斑。它具有独特的香气，味道微苦。选购红花的时候要选择花片细长、颜色红色或红黄色、质地柔软、干燥没有杂质的。

** 此道茶饮中的梅花是白梅花，也叫绿萼梅，具有舒肝、和胃、化痰的功效。白梅花可以在药店的中药柜台购买到。除了作为茶材之外，还可以作为煲汤、煮粥的食材。

Tastme

金银花茶

原料：

金银花5克，绿茶3克，水400毫升

做法：

❶ 将所有茶材放入准备好的容器中。

❷ 用开水冲泡。

❸ 盖紧杯盖，浸泡10分钟，即可饮用。

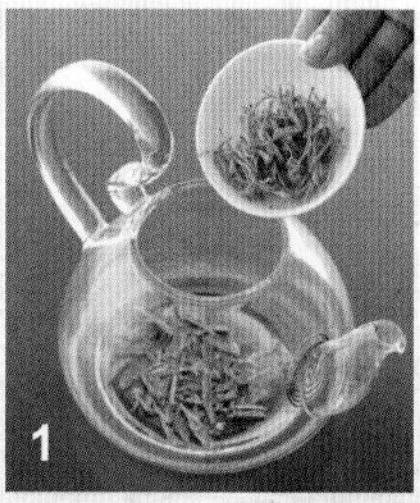

1

2

3

功效：

此道茶饮具有清热解毒、消肿、利尿的功效，尤其对于咽喉肿痛等上呼吸道的炎症具有很好的功效。为中药里的抗菌消炎药。

超级啰嗦：

** 金银花的解毒消炎效果很好，尤其对于咽喉、口腔的炎症疗效很显著。建议红肿、疼痛消失即可停服，不用久喝，以免因为金银花本身的寒性导致脾胃失和。

** 金银花可以在茶叶店、药店、超市买到，买回后建议放在密封的盒子里保存，并放置于阴凉干燥处。

** 此道茶饮中的绿茶可以按照自己的喜好随意选择搭配。

** 此道茶饮每日喝完，不用急于倒掉，可用最后一次的茶水（温度适中）润湿眼皮，可达到明目的功效。

注意事项：

脾胃虚寒、慢性疾病人群不宜饮用。

口炎清（藿香薄荷菊花绿茶）

原料:

藿香3克，菊花3朵，薄荷2克，绿茶2克，水500毫升

做法:

❶ 将所有茶材放置在杯中，加入开水冲泡。

❷ 冲泡后，盖严杯盖。

❸ 温浸10分钟即可饮用。

功效：

此道茶饮具有清除口腔异味、消炎杀菌的功效。

超级啰嗦:

** 此道茶饮中的藿香、薄荷可以选择药店中出售的干品，也可以用新鲜的茶材进行冲泡。

** 如果选择煎煮的方式，那么薄荷和藿香建议不要久煮，以免有效成分挥发。

** 选择干品藿香，要看整体外观，最好选根茎厚实，叶片深绿色，干燥没有杂质，闻起来气味浓郁，没有发霉味的。

** 藿香偏温，不适合孕妇饮用。

三根汤

原料：

白茅根10克，芦根10克，葛根10克，水600毫升

做法：

❶ 将葛根放入锅中，清水浸泡。

❷ 大火煮开后，继续煎煮3分钟，转小火煎煮10分钟。

❸ 放入芦根和白茅根，继续小火煎煮2分钟。

❹ 倒入杯中即可。

1

2

3

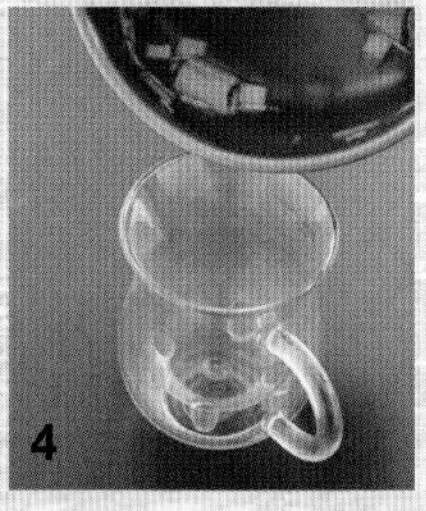
4

功效：

此道茶饮具有清热化湿、养阴除烦、利尿、退热的功效。

超级啰嗦：

** 此道茶饮中的白茅根是草本植物白茅的根，具有消肿利尿、清热的功效。我们在挑选白茅根的时候以表皮淡黄色，尝起来口感微甜的为佳。

** 葛根是豆科葛藤的根，富含多种微量元素，具有生津止渴、解酒、调节内分泌的功效。我们在挑选葛根时以质地坚硬、粉性足、纤维少者为佳。

** 芦根具有清热生津、除烦、止呕、利尿的功效。

** 三根汤中的这三种茶材都偏寒，所以脾胃弱的人群服用量不要过大。

三花茶

原料:

金银花5克，菊花5克，茉莉花5克，水500毫升

做法:

❶ 将金银花、菊花、水放入杯中，用开水冲泡。

❷ 盖上杯盖，温浸15分钟。

❸ 加入茉莉花，稍泡片刻即可。

功效：

此道茶饮具有清热解毒、缓解咽喉肿痛、疏肝理气、安神醒脑的功效。

超级啰嗦:

** 茉莉花具有安神醒脑、疏肝理气的功效，尤其适用于因工作压力大、身体处于亚健康而引起的烦躁、忧郁人群。

** 选购茉莉花时，以外观完整、含苞待放者为佳，颜色为玉白色，不要过深，也不要太白，因为过深过白都有可能是刻意处理过的。另外，好的茉莉闻起来有自然的花香，摸起来干燥不受潮。

** 此道茶饮也可用新鲜的茉莉，清洗干净后入茶。新鲜的茉莉要注意保存方式，可以装在密封袋或者保鲜盒里，放在冰箱冷藏。

** 金银花具有清热解毒、消炎、凉血的功效，是天然的“消炎药”。在选购金银花时，以色泽黄白、花苞大、气味清香、没有虫蛀、干燥者为佳。金银花容易受潮，所以要放在密封盒中，放置于干燥、阴凉通风处。

核桃雪梨露

原料：

核桃仁20克，中等大小梨1个，蜂蜜少许，水500～600毫升

做法：

❶ 梨切成小块，放入锅中熬煮，大火煮开，转小火慢慢熬。

❷ 待梨煮至软烂，加入核桃仁。

❸ 煎煮片刻即可关火，待茶饮温度下降至不烫手时加入蜂蜜调味即可。

功效：

此道茶饮具有消肿止痛、缓解口腔溃疡的疼痛、清音润喉的功效。

超级啰嗦：

** 此道茶饮中的核桃仁薄膜不要去掉，这层薄膜虽然有一点苦涩，但具有很好的健脾止泻、利尿清热的功效。

** 梨品种的选择是会受到季节影响的，大原则是尽量挑选当季水分足、糖分高的品种。

** 梨不去皮，保留更多有效成分，煎煮前清洗干净即可。

** 放完核桃不要急于放蜂蜜，等到水温下降至温热再放，以免蜂蜜因高温失去营养成分。

** 核桃要挑选果仁色泽均匀、颗粒饱满、表皮干燥，闻起来有核桃清香，无油腥的。

** 血糖偏高的人，可以将蜂蜜的用量适当减少。

薏米红豆饮

原料:

薏米20克，红豆30克，水700毫升

做法:

❶ 将薏米、红豆洗净后，和水一同放入锅中。

❷ 大火煮沸后转成小火，煎煮25分钟。

❸ 滤渣后即可饮用。

1

2

3

功效：

此茶饮具有健脾除湿、减肥、消肿的功效。

超级啰嗦:

** 薏米的营养价值很高，蛋白质、脂肪、维生素B_1的含量高于大米，具有利水渗湿、健脾胃、清肺热、止泄泻的作用。尤其薏米中的薏苡素是天然的养颜佳品。

** 薏米、红豆在超市、农贸市场都可以买到，薏米要选择颗粒饱满，灰白色带青头的为佳。

** 薏米应低温保存，如果温度较高，薏米长时间封存会发霉。

** 做此道茶饮前可以将薏米、红豆提前浸泡2～3小时，这样更容易熬煮出有效成分。熬煮后的薏米和红豆都可以吃掉。

黄腊梅清音

原料：

黄腊梅5克，桔梗5克，胖大海2枚，芦根5克，玫瑰3～4朵，五味子5克，绿茶2克，水500毫升

做法：

❶ 用清水将桔梗、芦根、胖大海洗净后提前浸泡20分钟，所有茶材放在杯中，加入沸水冲泡。

❷ 冲泡后盖严杯盖。

❸ 温浸10分钟即可饮用。

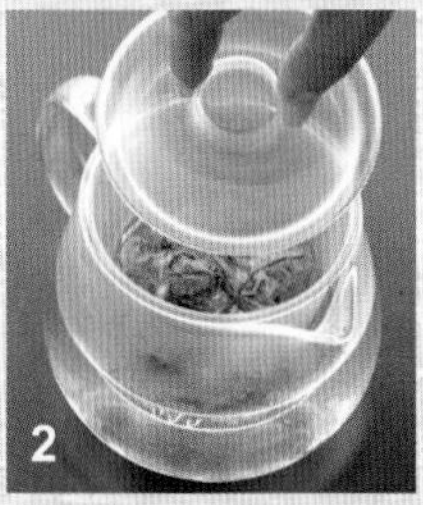

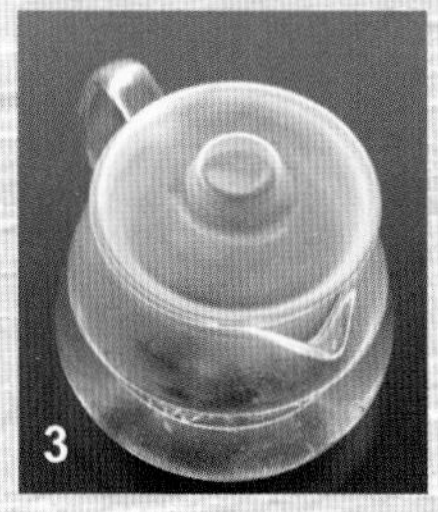

功效：

此道茶饮具有清音润喉、静心安神、除烦的功效。

超级啰嗦：

** 此道茶饮适合长期用嗓的人群，如教师，对缓解慢性咽炎也有很好的帮助。

** 此道茶饮中的黄腊梅可以在药店购买到，黄腊梅具有解毒清热、理气开郁的功效，不但可以作为茶饮，也可作为食疗材料。

** 胖大海也叫安南子、胡大海，具有清热润肺、解毒通便的功效。我们在挑选胖大海时以表面有光泽、皱纹紧致的为佳，水浸泡之后会慢慢膨胀。反之为伪品。

** 芦根具有清热生津、除烦、止呕、利尿的功效，属于偏寒的茶材，所以脾胃弱的人群服用量不要过大。

** 此道茶饮中的五味子是一味药用价值很高的茶材，具有滋补肝肾，敛汗生津，强身健体的功效。五味子水很适合作为夏季饮品。

丝瓜蜜饮茶

原料：

丝瓜花2朵，蜂蜜适量，水500毫升

做法：

❶ 将丝瓜花放入杯中，倒入沸水冲泡。

❷ 冲泡后盖严杯盖，温浸10分钟，待温度下降到60℃左右时调入蜂蜜。

❸ 搅拌均匀即可饮用。

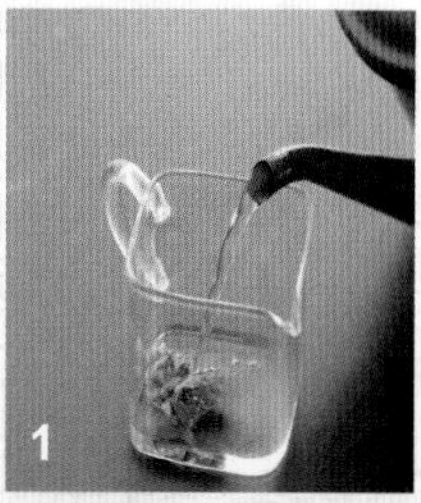

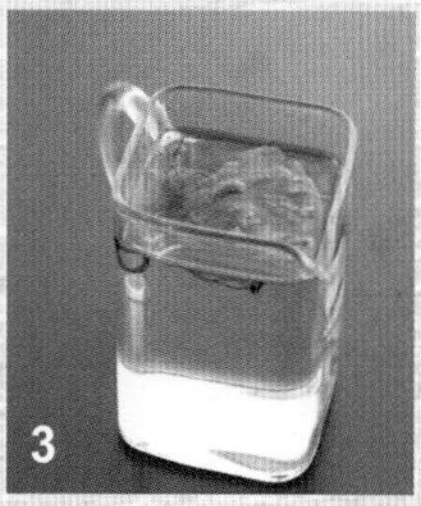

功效：

此道茶饮具有清热解毒、止咳化痰、缓解咽喉疼痛的功效。

超级啰嗦：

** 丝瓜花是丝瓜的花蕾，有效成分中含有多种氨基酸，具有清热解毒，缓解咽喉肿痛的功效。

** 此道茶饮中用的丝瓜花是干品，将新鲜的丝瓜花摘取下来后，经过晾晒把水分晒干，再进行冲泡。

** 冲泡之前最好将丝瓜花清洗一下，以免有灰尘。

菊花桔梗雪梨茶

原料:

菊花5朵，桔梗5克，雪梨1个，水500毫升

做法:

❶ 将雪梨洗净，切薄片。

❷ 将所有原料放入杯中，加入开水冲泡。

❸ 盖严杯盖，温浸20分钟即可饮用。

功效:

此道茶饮具有清热解毒、止咳化痰的功效。

超级啰嗦:

** 在挑选菊花时，以外形完整、质地轻，干燥无霉变的为佳，颜色要自然，气味清香。喝起来味苦者为优质菊花。

** 梨最好选择雪梨，糖分比较足的。如果有煎煮的条件，可以将梨切块煎煮。如果煎煮的条件不便利只能用开水冲泡，就把梨尽量切得薄一点，效果相差无几。

** 桔梗具有化痰止咳，降糖的作用，适合咳嗽痰多，咽喉肿痛的人群饮用。桔梗在药店就可以购买到，挑选时以整体粗细均匀、圆柱形、表面黄棕色、内部淡白色的为佳。

** 患有胃、十二指肠溃疡，咳血的人群不要服用。

罗汉果饮

原料：

罗汉果1/2个，麦冬3粒，甘草2克，水600毫升

做法：

❶ 将罗汉果掰成1厘米大小的碎片，所有原料放入茶壶。

❷ 用开水冲泡。

❸ 盖严壶盖，温浸15分钟即可。

功效：

此道茶饮具有清肺化痰，止咳，利咽，滑肠通便的功效。

超级啰嗦：

** 罗汉果最好掰碎泡水，这样有效成分更容易渗出。

** 罗汉果的皮、果肉、核都能泡水，泡茶前可以用清水洗一下外壳。在购买时选择个大，外壳有光泽，轻轻摇动时里面没有晃动的为佳。

** 麦冬在药店或者茶叶店都能买到，我们选择颗粒饱满，表面黄白色或淡黄色，有细纵纹，质地柔韧，断面多为黄白色、半透明，闻起来气微香，味道甘甜并微微有点苦的为佳。

** 此道茶饮不建议放冰糖或者蜂蜜，因为罗汉果本身有甜度，尤其是血糖高的人群，一定要控制糖分的摄入。

清咽润肺茶

原料：

胖大海1枚，银耳2克，麦冬2枚，冰糖适量，水600毫升

做法：

❶ 提前用凉水浸泡胖大海、银耳。

❷ 将胖大海、银耳、麦冬、水放入锅中熬煮。

❸ 放入冰糖，搅拌至溶化即可。

功效：

润肺生津，清咽润喉，适合长期用嗓、烟酒过度的人群。

超级啰嗦：

** 胖大海治疗咽喉肿痛及扁桃体炎有很好的疗效。

** 胖大海可以在药店、超市、茶叶店购买，以颗粒饱满，外皮色泽温润，纹理细密者为佳，买回后放置于密封盒里，阴凉干燥处储存，以免长虫。

** 此茶饮泡散后，可用胖大海敷眼，对红眼病的治疗有很好的效果。

** 脾胃虚弱的人群不宜常饮，症状消失即可停饮。